钟双华——编著

幸福人生箴言

The Motto of A Happy Life

人民东方出版传媒
东方出版社

图书在版编目（CIP）数据

幸福人生箴言 / 钟双华 著 . —北京：东方出版社，2019.9
ISBN 978-7-5207-1023-7

I. ①幸…　II. ①钟…　III. ①人生哲学－通俗读物　IV. ① B821－49

中国版本图书馆 CIP 数据核字（2019）第 091404 号

幸福人生箴言
（XINGFU RENSHENG ZHENYAN）

作　　者：钟双华
策划编辑：洪　琼
文字编辑：王　淼
出　　版：东方出版社
发　　行：人民东方出版传媒有限公司
地　　址：北京市东城区朝阳门内大街 166 号
邮政编码：100706
印　　刷：天津文林印务有限公司印刷
版　　次：2019 年 9 月第 1 版
印　　次：2019 年 9 月北京第 1 次印刷
开　　本：710 毫米 ×1000 毫米　1/16
印　　张：20.75
字　　数：300 千字
书　　号：ISBN 978-7-5207-1023-7
定　　价：59.80 元
发行电话：（010）64258117　64258115　64258112

前　言

这部《幸福人生箴言》是从广泛的阅读中体会概括提炼出来的，是从人生经历生活体验中总结出来的，也可以说是从平凡人生中孕育出来的平凡真理。

英国狄更斯说："真理是人生的向导与光辉。"这部书，就要试图告诉人们如何正确认识人生、成功做人、成功做事、幸福快乐地生活。

人来到世间，怎样活得有意义、有价值？怎样才活得精彩、幸福快乐？

1. 要树立正确的世界观、人生观、价值观。一个人活在世上总要为社会、为家庭做些有益的事，人生的价值在于奉献。

2. 人生要有理想目标，才有前进的动力、努力的方向。

3. 人要有高尚的道德修养、良好的人格品质，这是做人之根本。

4. 善待他人，是人生的智慧。

5. 善于学习，不断增长聪明才智，是人生的力量源泉。

6. 做事要有原则和智慧，善于做事是人生的本领。

7. 会做人又会做事的人，才能做领导者，做领导还要有领导的才能。

8. 时间是人生最珍贵的资源，珍惜时间就是珍惜生命。

9. 健康是人生的根本，没有健康的身心，人生的一切都无从谈起。

10. 和谐幸福的家庭是人生的乐园。

11. 对社会作出贡献的成功者，他的人生是光辉的。

12. 幸福是人生的最高目的，人生最大的幸福是奉献。

人生要有高尚的追求：

追求事业有成，为人民作出贡献；

追求身心健康，精力充沛地做事，健康快乐地生活；

　　追求家庭幸福，全家和睦快乐。

　　有高尚追求的人，人生才会丰富多彩，也才是有价值的。

　　要做一个有崇高理想、道德高尚、善待他人、好学上进、事业有成、身心健康、家庭和谐、幸福快乐的人。

　　做一个真正成功幸福快乐的人。

目 录

第一章　人生的价值

人要有正确的人生观、价值观；要认识人生，把握人生；人生真正的价值在于奉献。

创造有价值的人生

人只有竭诚奉献，才能创造有价值的人生，才能无限拓展生命的宽度，成为一个对社会有所贡献的人、纯粹的人、大写的人。

园丁说，不是所有的花都适用肥沃的土壤，沙漠就是仙人掌的乐园。人生许多成败，不在于环境的优劣，而在于你是否选对了自己的位置。

人生总是缺一样，人不可能在同一时间拥有所有东西。正因为总是缺一样，所以在眼下拥有或将来拥有时，一定要学会珍惜。学会珍惜，人生便不会缺幸福。

人生就像一本书，有的人走马观花似的随手翻阅它；聪明的人则用心地阅读它，因为他知道这本书只能读一次。

人生的正确选择

人生的正确选择，往往来自审慎的自问和反思。在忙碌的时候，不妨抽空停下来，问清楚自己到底要什么，反思自己到底在干什么。在重要的选择关头，作出对人生最有利的选择。

蒙泰涅说："世界上最重要的事就是认识自我。"只有给自己一个准确的定位，才能在生活和工作中做到扬长避短，成就美好的人生。

人生能有功业建树固然辉煌；而平淡人生也可以达到超凡入圣的境界，正如陶渊明的诗文生动地展现了平凡人生的种种有意味的内容，清晰地揭示了蕴藏在平凡生活中的美感和诗意，从而引导人们保持原有的善良、纯洁的本性。

正确定位自己

要找准人生的着力点。正如劈砖着力点，当你把所有注意力和着力点放在整摞砖下方的某一点上时，由上而下劈砍的手掌就能轻易地通过一摞砖，而达到你心里所想的那一点。而当你把注意力放在砖的上方或中心时，所有的力只能到中心为止，无法向下面传递。生活中成功者与一般人的区别在于，他将眼光放在人生的下方，正确定位自己。而一般人却习惯于将眼光放在人生的上方，抬高自己，因而很难劈开人生道路上的"砖头"。

本杰明·富兰克林说："人生的诀窍就是找准人生定位，定位准确能发挥你的特长。经营自己的长处能给你的人生增值，而经营自己的短处会使你的人生贬值。"我们要成功，就必须找准自己的人生定位，必须找到个人能力、兴趣和职业的最佳结合点。

踏实地走好人生的每一步

生命只有一次，在人生的道路上，要踏实地走好每一步，使它充满意义和价值；永远不轻视每一刻，才能展现生命的精彩，使整个人生灿烂。

漫漫人生，每一个人都渴望遇到贵人，但有时候，成就我们的不一定是贵人，"恶"人的反作用力，或许比正面的力量更容易成就一个人。

文章没有从头到尾都好的，人生更是这样。写文章也好，做人也好，不论开头、中间、结尾，只要有一点好的，也就够了。

品味人生

　　人生苦短，举步维难；经过苦的浸泡，经过艰难奋斗之后，最终会得到回报，尽显生活的甜蜜与快意。而在"先苦后甜"后，要很好回味。人生终究会归于平淡，苦的不觉其苦，甜的也不算甜；这只有千帆过尽、历尽沧桑后，才能淡然视之。

　　怀旧是善良人的行为。学会怀旧，在怀旧中学会用理性的思维分析这个世界，在怀旧中思考，汲取养分，或许我们可以变得更加笃定、更从容，拥有一份闲情淡泊的人生。

　　人的肉体是无法永恒的，永恒的是人类的精神和爱。一个人要像泰戈尔所说，生如夏花一般灿烂，死如秋叶一样静美。秋叶的静美，源于它彼时的灿烂和此刻的豁朗，秋叶离开枝头，就像生命告别人世，但那轻薄的躯体后面却隐藏着明晰而丰富的脉络，曾经奔腾着生命的善良和慈悲的血液。

在人生的大海中把握航向

　　人生有起就有落，起的时候要有落的准备，落的时候要有起的信心。星云法师认为，忙时井然，闲时自然；顺多偶然，逆多必然；得之坦然，失之怡然；捧则淡然，败则泰然。悟通八然，此生悠然。

　　在人生的大海中，我们虽然无法把握风浪的大小，但可以调节风帆的方向。

成功和快乐人生的秘诀

　　著名艺术家阎肃总结成功和快乐人生的秘诀是："四分""四然""四心""四即""四不"。

　　所谓"四分"，即天分、勤奋、缘分、本分。

所谓"四然"，就是得之泰然，失之淡然，争其必然，顺其自然。

所谓"四心"，就是壮心、佛心、慧心、担心。

所谓"四即"，就是阅历即财富，主动即自由，付出即快乐，宽余即幸福。

所谓"四不"，就是不忽悠，不糊弄，不折腾，不凑合。

人生最高境界不在一时的力量和速度，而在于持之以恒。凡事必须持之以恒，才会有辉煌成果。

自己的世界由自己决定

自己的世界由自己决定。自己丰富，才能感知世界的丰富；自己善良，才能感知世界的美好；自己坦荡，才能逍遥地生活在天地间；自己快乐，才能感受世间的乐趣。

正所谓"多情却似总无情""情到浓时情转薄"。只有不喜不悲的人，能当得起大喜大悲。也只有无所谓得失，不等待回音的人，才能攀上人生的巅峰。

我们要知道，在一个高度之上，就没有风雨云层。如果你生命中的云层遮蔽了阳光，那是因为你的心灵飞得还不够高。如果你敢于突破问题，冲破云层，你将看到蔚蓝的天空、辉煌的人生。

人的价值在于能担当

桥的价值在于承载，人的价值在于能担当。担当得越多，价值越大。担当重千金，担当重千钧。一个人要对家庭、对社会担当责任，人生在担当中成长，在担当中前行，在担当中辉煌。

人生的价值在于被他人需要，在于他能发挥多大的作用。一个人当他感到这个世界需要他的时候，就会感到生活的意义和使命，就会产生一股巨大的力量，努力奋进。

每个人的人生，因为有不同的过程而显得意义不同。只有经过曲折动人的奋斗历程取得成就的人，其人生才是精彩辉煌的。

无悔的人生才是成功的人生

人生只有一次，没有往复。务必把握当下的每一时刻，用心做好每一件事。做事既要有当机立断的决心，更要有永不后悔的气魄。无悔的人生才是成功的人生。

对人生、对大自然的一切美好事物，我们都要心有感激，将它们的美深藏在我们心中，让我们自己能时时受到美好事物的熏染，使我们的生活变得美好。感恩是幸福和成功的来源，我们要持之以恒地心怀这种感情。

人生是自我经营的过程

人生是自我经营的过程，经营需要运算，离不开加减乘除，要善于选择与放弃。

人生需要用加法。人总要有所追求，只要追求的东西是合理合法的。人生的加法，使人生更富有、更丰富多彩。

人生也需要用减法。人生如车，其载重量有限，我们要辩证看待人生，看待得失，用减法减去人生过重的负担。人要有所作为，有所不为。

人生需要用乘法。在人生的道路上要善于抓住机遇，在人生的关键时刻，一次的努力能抵得上平时几次、几十次的努力。在关键时刻把握住机遇就能实现人生的乘法。

人生也需要用除法。人生不可能十全十美，遇到不幸之事、痛苦的事，要尽快把这些事忘掉，这时需要用除法，使我们能幸福快乐地生活。

人生需要自我激励

人生需要自我激励，进行自我激励，可以改进人的希望，使人尽量地发挥才干，达到最高的境界。即使看似不可能的事情，只要抱定希望，努力去做，持之以恒，终有成功的一天。

过程，指事物发生到结束间的时空状态，存在于天地万物从始到结果的整个轨迹。人生，也只是一个过程。过程其实就是克服困难的跋涉，就是达到目标的奋斗。我们要实实在在面对人生的过程，及时完善自己、感悟人生、拥抱生活。

人生最难的是能够真实地认识自己。而知进退、晓取舍更是难上加难。有些人只知进而不知退，只知欲而不知足，最终什么也得不到。

人生的成败得失和幸福与否，关键在于是否树立了坚强的自信心。一个人心中充满自信，他的前程必然是一片坦途。

苦难是人生的大学

苦难是人生的大学，挫败是人生的阶梯。一个人的成长，就是经历一连串的磨难和考验的过程，迎接并克服磨难，才能拥有足够的力量和智慧。伟大的人物无一不是由苦难造就的。

人生要有比较，没有比较，永远不知道白开水最解渴；但人生要善于比较，才会有成功和幸福。

酸、甜、苦、辣、咸，百味杂陈之后，最后出来的一个味道是"淡"。所有的味道都尝过了，你才知道"淡"的精彩。人生也只有经历酸、甜、苦、辣、咸之后，才知道"淡"的可贵，要淡泊名利。

感受人生的滋味与乐趣

要把人生看作是一场人人必经的"体验"，以积极的心态坦坦荡荡地对待你所不得不面临的一切，不管它是甜的、酸的，还是苦的、辣的。细细地品，慢慢地尝，在体验中去感受人生的滋味与乐趣，寻找幸福快乐的秘诀。

人生有必然，也有偶然。人生如天气，可预料，但也经常出乎意料。

人生当中难免要走些弯路。工作中的曲曲折折让我们学会了为人处世，生活中的喜怒哀乐帮助我们成长。不要怕走弯路，或许这样的人生会更加丰富多彩。

人生要奋斗，要有所奉献。人生也要有悠闲的时光，悠闲的心态。悠闲是一种艺术，它不只是需要时间的因素，更是需要某种特殊的心境。悠闲的时光，是人生交响乐中一段最美、最甜蜜的旋律。

人到无求品自高

万物皆有它们自己的季节。人生的第二个高潮，往往在 60 岁以后。歌德的名作《浮士德》、达·芬奇的《蒙娜丽莎》都是 60 岁以后的作品，齐白石、张大千等许多著名艺术家都是在人生之秋才炉火纯青，步入大师的殿堂。卢梭有句名言："青年期是增长才智的时期，老年期是运用才智的时期。"到了人生之秋时，人到无求品自高。

完整的人生

人生是丰富多彩的，道路是不平坦的。有曲折、有平静；有困难、有顺利；有欢乐、有忧愁。生老病死、悲欢离合、酸甜苦辣都是人生的一部分。人生不可能完美无缺，只有经历过酸甜苦辣的人生，才是完整的人生。

人生如一条河，河要汇入大海。

人生要奋斗，要成功。

人生就像台阶式，一步一个台阶攀登高峰。

人生又像宝塔式，打好底座最重要。

人生还像螺旋式，盘盘绕绕成功的。

人生也像波浪式，一浪推一浪，浪浪有新高。

人生应该是有抱负、有责任、有气节的人生

一个人的人生应该是有抱负、有责任、有气节的人生。在人生的道路上有抱负、有追求；在处理人际关系时，具有担当意识和责任意识；在生死考验面前保持自己的气节。

在人生的旅途中，即使你买不到对号入座的车票，只要你自信、执着、富有远见、勤于实践，会让你握有一张人生之旅永远的坐票。

人生，就是长久的无花期，间以短暂的开花期。

万事只求半称心

有一副楹联："人生哪能多如意，万事只求半称心。"的确，人生不如意十之八九，顺心事十之一二，不能总追求完美。月满则亏，水满则溢，在名誉、地位、权力、金钱等各方面真正做到"不欲满"，才能生活得坦然、飘逸、从容、健康。

无论从事任何职业都没有高低贵贱之分。淡泊的人生也是一种享受，一种完美的人生；不见得要赚很多的钱，也不见得要有很了不起的成就，在一份简朴平淡的生活中，活得快乐而自我，活得有价值、有意义，也是一种上乘的人生境界。

人生最大的财富是无私，人生最大的债务是欲望。

信仰是人生的需要

信仰是人生的需要。信仰在人生长河里，发挥着如航标灯般的作用，它指引生活方向，坚定理想信念，明确奋斗目标。信仰的力量锻造出人类

坚实的精神支柱。

人们一切信仰的实质，是崇拜人自己的本质。要确立科学的先进的信仰，需要自觉地以先进的世界观、方法论，以人类的全部科学和文明成果为基础。确立自己的人生目标和崇高理想，形成自己的信仰定力。

一个人在成长的过程中需要有一个支撑点，这个支撑点就是信念。是信念让人锁定所追求的目标，不断追求，不达目的誓不罢休。

人生就是各种选择的总和

当一个人处于进退两难的境地时，必须作出一个选择。一条路是轻便小路，很容易越过，最终到达的却是个死胡同。另一条路或许非常漫长，而且中途地势复杂，几乎难于通过，然而终点却是一片广阔的果园。你选择了哪条路，就选择了哪种结果。人生就是各种选择的总和。

人在这个世界上不需要也不可能用钱把所有的东西都买下来，为自己所有。人生就是一个删繁就简的过程，生活中一些起初沾沾自喜的东西，后来就用不上，就像脱下沉重的盔甲，穿上粗布衣裳，才感觉放松自然。

人生总是有所缺少，你得到什么，就失去什么，你应该知道自己到底要什么。

人生有得有失

人生有得有失，人生得到的总比失去的多，但有些东西却永远不能失去。失去自由则失去一切，失去事业则失去意义，失去健康则失去幸福，失去家庭则失去归宿，失去子女则失去未来，失去朋友则失去快乐。

任何时候都不能放弃肩上的责任

每个人的一生都只是在以自己独特的方式和能力服务他人和贡献社会。你越是为别人着想，你越会变得富有，你越是给予和帮助别人，你得到的就越多。

当眼帘出现一朵花的倩影，它是幸福的，因为它把芬芳献给了世界。人可以不伟大，但不可以没有责任。任何时候，我们都不能放弃肩上的责任，扛着它，就是扛着自己的人生追求与信念。

奉献越大　人生价值就越大

一个人仅仅为自己，他的人生价值就很小；如果服务他人、奉献社会，他的人生价值就实现了增值；服务越多、奉献越大，他的人生价值就越大。

检验一个人勇气的真正试金石

人要不畏任何困难，勇往直前取得成功不容易，而功成名就后勇于放弃更难。人生就是这样，得之易，失之难，而这恰恰是检验一个人勇气的真正试金石。

每个人都有自己的价值观，要分清在你的生命中什么是重要的、什么是不太重要的事情，然后抓住重点，对不重要的东西看淡一点。同时，要清楚对你能支配的事情就好好努力，对自己支配不了的，那就顺其自然。

人要保持生命的单纯

人要保持生命的单纯，物质生活简单一点，人际关系简单一点；而精神生活则要丰富一点。人是有思想、有灵魂的精神性的存在。在基本生活问题解决以后，你的幸福与否，主要取决于你的精神素质。

人生酸、甜、苦、辣都得品尝

人生酸、甜、苦、辣都得品尝，人生有两道菜也必须尝之：第一道菜是吃苦。俗话说："吃得苦中苦，方为人上人。"第二道菜是吃亏。郑板桥认为"吃亏是福"。能吃亏，损己利彼是一种境界；肯吃亏，外得平，内得安，也是处世的一种睿智。

找准属于自己的人生跑道

世界的路有千万条，最难找的就是适合自己的那条路。每个人都应该根据自己的特长来设计自己，量力而行，根据自己的环境、条件、才能、素质、兴趣等确定发展方向，找准属于自己的人生跑道。

一个人无法改变自己生命的长度，但可以通过学习和实践，通过自身的修养锻炼改变生命的宽度和厚度。

自然轮回着有生有灭的生命

自然轮回着有生有灭的生命，历史循环着无始无终的过程。

春夏秋冬季节更替，太阳月亮昼夜更替，树木花草盛衰更替。

岁月在不断更替，明天更加新鲜璀璨的太阳将光焰万丈地跃出；

生命在不断更替，明天更加年轻灿烂的生命将排山倒海般涌来。

人生是可贵的，但人生是有限的。要顺其自然，乐观优雅地面对生死。"死如秋叶之静美"，是对死亡真正的理解和超脱。

人生要学会等待

人生要学会等待，耐心从容地等待。每一个生命都需要等待，花要开，树要绿，孩子要成长。我们要想成功，除了努力和机遇，哪一样不需要悠长而沉闷的等待呢！有些时候看起来遥远渺茫、山重水复，只要你再坚持一下，可能就会有柳暗花明的意外惊喜。

人生的价值在于如何使用每一天

人生的价值在于如何使用每一天。每天都要学习一点东西，让精神得到充实；每天都要做点有益的事，使心灵得到宽慰；凡事要乐观对待，保持良好心态，使每天过得快乐有意义。

人的价值不在于时间的长短，而在于你所完成的事业和对社会的贡献。所以，列夫·托尔斯泰说："人生的价值，并不是用时间，而是用深度去衡量的。"所谓人生价值实际上是一个人的生存质量问题。

能够乐观面对人生的酸、甜、苦、辣，始终积极进取，在困难与逆境面前仍保持微笑的人，他的人生一定是坚强乐观、有所作为的。

人生的真正意义在于奉献

人生的真正意义在于奉献，要有松树的风格：要求人的甚少，给予人的甚多。要在自己的岗位上积极努力，奉献自己的智慧和力量。

孙中山说："人类牺牲的价值，有比生命还要贵重的，就是真理和名誉。"为了真理，为了理想而努力奋斗，英勇牺牲是很有价值的。为真理为理想作出的牺牲同时也是自我保存，即保存理想的自我。

人的一生，有很多事情需要做出选择，舍去应该舍弃的，你便是智者；舍去不该舍弃的，你便是愚夫。人生要幸福，只有舍弃应舍的，才能获得应获得的。

人生是伟大的宝藏，我们要努力奋斗，善于从宝藏里选取出最珍贵的东西。

人要有高度的责任感

人要有高度的责任感。梁启超说："人生须知负责任的苦处，才能知道尽责任的乐趣。"

车尔尼雪夫斯基说："生命，如果跟时代的崇高的责任联系在一起，你就会感到它永垂不朽。"人活着都要肩负一定的责任，无论对家庭、对社会都要尽责尽力。

雨果说："所谓活着的人，就是不断挑战的人，不断攀登命运险峰的人。"一个人活着的时候，要为人民奉献自己的聪明才智，用自己的行动书写自己的历史。

自己的命运应由自己创造

我们是命运的主人，自己的命运应由自己创造，自己的前途只能靠自己的意志和努力来决定。

屠格涅夫说："我们的生命虽然短暂而且渺小，但是伟大的一切都由人的手所造成。"如果生命能用在某件能比生命更长久的事情上，那生命就更有价值。

永远持积极乐观的态度

人生有高潮和低潮，在高潮时享受掌声，在低潮时要善于享受人生。没有人能拒绝低潮，乐观对待低潮或许是迎接高潮的必要能力。

有生命就有希望，我们要对生活永远持积极乐观的态度。

要珍惜青春

要珍惜青春，高尔基说："青春是有限的，智慧是无穷的，趁短短的青春，去学习无穷的智慧。"郭小川说："在青春的世界里，沙粒要变成珍珠，石头要化做黄金。"青春是幸福美好的，但它也充满着艰苦的磨练。魏巍说："青春是美丽的，但一个人的青春可以平淡无奇，也可以放射出英雄的火花；可以因虚度而懊恼，也可以用结结实实的步子走向光辉壮丽的成年。"

人要以宝贵的有价值的东西作为追求目标

人有宝贵的有价值的东西作为追求目标时，他的人生才会有价值意义。

列夫·托尔斯泰说："信仰是人生的动力。"

人生就是一种责任。在这个世界上，无论谁，同样都有一种责任；做什么人，就要看你担起什么责任，否则便是不合格、不称职。

人生总要经过风浪和曲折。法国的雨果说："没有风浪，就不能显示帆的本色；没有曲折，就无法品味人生的乐趣。"

人生要有理想信念的执着追求，像愚公移山挖山不止，像飞在花丛中的蜜蜂辛勤采撷，平凡的事业走向成功就要执着与勤奋。

人生就如一所学校，你是来学习的

人生就如一所学校，你是来学习的。其中所遭遇到的问题只是课程的一部分。问题的展现和消逝就像解代数题那样，然而，你得到的经验与教训会伴随你一生。

人生最大的遗憾莫过于轻易地放弃了不该放弃的，固执地坚持了不该坚持的。

人生的很多事情是不能等的，别等到花儿都谢了。谁也无法估测未来的事情，当下该做的事就要抓紧做，如果你总想等一等，很可能就会一等就等成了永远。

你学过的每一样东西、你遭受的每一次苦难都会在你人生的某个时候派上用场的。所以，人还是要多学点东西，要经受苦难的磨练。

人生五本"书"必读：亲情、爱情、友情、事业、健康。

人生的态度决定一个人一生的成就

人要在平凡中发挥人生的价值，一个人的工作态度折射出人生的态度，而人生的态度决定一个人一生的成就。人的一生要面对许多人，经历许多事，但无论如何都要活得平凡而高贵。

世界上的河流都不是直线，而是弯弯的曲线。走弯路是自然界的常态。人生也如河流，坎坷挫折是常态，不必悲观失望，停滞不前。人的一生总是在不断克服困难中前进的，克服的困难越多、越大，你的人生风景就越美。

人生奋斗是没法比的，每个人都有自己的事业，都有自己的人生；重要的是自己跟自己的昨天比，看你的今天是否比昨天好，明天是否又比今天好。

人生是自己选择的，你要把自己变成什么，只有靠自己的奋斗才能让你改变自己；只有奋斗才能让你的人生越来越灿烂。

人生有两杯必喝之水，一杯是苦水，一杯是甜水，谁都回避不了。区别不过是人们喝苦水和喝甜水的顺序不同，成功人士往往是先喝苦水，再喝甜水。

不要相信算命，算命有时会越算越糟。真正的命运掌握在自己手上，自己的努力和积善比什么都重要。

人的一生要面临多次选择，你的选择决定着自己的命运。人生的最终结局，其实就是一个个选择叠加的总和。

只要你的心是晴朗的，你的人生就没有雨天。

决定今天的不是今天，而是昨天对人生的态度；决定明天的不是明天，而是今天对事业的作为。

人活着要尽自己的责任

没有滋味的人生会苦，没有趣味的人生会累。人生要幸福快乐，就要有滋味、有趣味。

曼德拉说："生命中重要的，不仅是我们曾活过这一纯粹事实，而是我们使其他人的生命发生哪些改变，这决定了生命的意义。"人生的意义就在于因为你的活着为他人的命运带来好处。

人生要奔向前方达到理想目标需要有几种力量：一是理想的力量，有理想目标，人生才有方向和动力。二是努力奋斗的力量，这是实现人生目标、改变命运最重要的力量。三是承受的力量，要勇于担当，敢于负责，能承受压力、苦难和失败。四是助人为乐，与人为善的力量，成功需要别人帮助的唯一办法就是先帮助别人。

人要有仰望星空的诗意，又有脚踏实地的坚定。

一个人如果能自信地向着他的理想行进，努力经营他所向往的生活，他定能获得成功。

人活着要尽自己的责任，总是要为社会、为家庭作出贡献。人生的价值不是索取，而是在于奉献。

人生最重要的三件宝

人生最重要的三件宝：目标方向、责任感、自制力，正如汽车的方向盘、发动机、刹车器。一个人能否掌握和协调好这三件宝，决定着人生的命运。

　　责任是一种伟大的力量。责任感强的人，他有强大的使命驱动力去做好他要做的事。

　　人要担负责任才有价值。要知道有责任的苦处，才能知道尽责任的乐处。尽得大的责任，就得大快乐；尽得小的责任，就得小的快乐。

世界是有心人的世界

　　世界是有心人的世界，是属于待人诚心，做事专心的人的世界。

　　一个人的行走范围和他的观察、阅读范围就是他的世界。

　　一个人的思想观念决定其信仰，信仰决定他的期待，期待决定他的态度，态度决定其行为，行为决定他的生活。

　　人生是苦与乐相伴，只有付出辛勤的努力才会有甜蜜的收获。小苦后小乐，大苦后大乐。

　　人生的智慧在于放弃该放弃的，坚持该坚持的。否则，就是最大的遗憾。

　　人生是由增到减，由简到繁又由繁到简的过程；时增时减，增到一定时候就会减。我们要善于把握，该增时就增，该减时就减，这是人生的智慧。

　　人生也是有节气的，春天播种，秋天收获，青年时做青年的事，老年时做老年的事。

　　人生没有如果，只有后果和结果，所以要善于选择人生的决策。

　　人生在不同的阶段有不同的任务。面临不同的问题，我们要主动自觉地认识它，及早做好准备，积极应对。任何时候都要采取积极乐观的态度，人活着就要有良好的心态。

　　人要有幽默感，做个有趣的人。有趣也是一个人的素养，能得到人们的好评。

　　若见微，可知著；一枝叶，一世界；一枝花，而见春。见微知著是一种人生的智慧。生活中做个有心人，处处皆是智慧。

人生最美的是淡然

人生最美的是淡然。平平静静地生活，踏踏实实地做事，平平淡淡地做人。

人生最重要的是修心。心柔顺了，一切都美好；心快乐了，人生就幸福。

中国画最高境界，在于水墨留白。人生需要留白，让人看起来更为丰富。真正有分量的人，只会讲有分量的话，话不在多。

荷花是淡定的，淤泥之中，亭亭玉立。淡定是一种品格、一种境界、一种优雅、一种智慧。人生就是一次长跑，输赢得失都是暂时的，从容淡定，张弛有度，才是人生的大智慧。

人生不要与别人比。不比，是一种生活态度，是一种境界。只要老老实实地做人，踏踏实实地做事，高高兴兴地享受人生就行。

世界看似复杂，各色人等。其实，本质上还是你一个人的世界。你若澄澈，世界就干净；你若简单，世界就难以复杂。

好人干工作总是追求尽善尽美，把完美做事视为自己的本分；为别人做事，总担心做不到位，做好了，觉得理当如此。

人生的境界，实质上就是心灵的境界

人，最难提高的是素质，最难改变的是习惯，最难控制的是情绪，最难平衡的是心态，最难把握的是机遇，最难担当的是责任，最难做好的是细节，最难做到的是坚持，最难处理的是关系，最难战胜的是自己，最难保持的是健康，最难实现的是理想。这些难题，如果你破解了，你的人生一定是光辉的、幸福的。

人生的境界，实质上就是心灵的境界，心静方能铸造优雅的人生。心静，才能听到自己的心声；心清，才能照清世界的真善美。

人生如登山，一步一步往上攀登，到了山顶，又一步一步往下走。百折不挠、勇于攀登的人，固然可敬。而到了顶峰，不恋高位、能上能下的人，更是难能可贵。

人生有顺境，也有逆境。人生不如意的事有十之八九，要正确对待。有副对联写得好："得意、失意，切莫大意；顺境、逆境，永无止境。"

人生发展的重要条件

人生发展有三个重要条件：道德，立身之本；才智，处事之能；机遇，拓展之机。

人生要做到三立：立德，树立高尚的品德；立功，要有所作为，作出贡献；立言，要以丰富的学识著书立说。

人生是一条上下波动的曲线，有时高，有时低。高的时候，不要自满，要不断进取；低的时候，不要气馁，要更加发奋努力。所谓人无千日好，花无百日红。人的一生总会遇到不如意之事、不幸的事，要面对现实，乐观对待。

人生，要活得简单快乐，要想开、看开、放开，笑看得失才会海阔天空。

人生要用望远镜，看远；要用显微镜，看细；要用放大镜，看透；要用太阳镜，看淡；要用哈哈镜，笑看生活。

人生的丰盈缘于我们内心的无私，生活的美好缘于拥有有一颗平常心。人生路上，只要踏踏实实做事，简简单单做人，你的人生就会光彩。

人生就像自行车，要用力才能前进。有人骑得快，有人骑得慢，有时不用力也前进，其实是在走下坡路，重心偏了，方向也就变了。

生活的最高境界

人的一生会遇到不顺心的事，会碰到不顺眼的人，如果你不学会原谅，就会活得很痛苦，活得很累。原谅是一种风度，一种修养。

人生有三层楼，第一层楼是物质生活；第二层楼是精神生活；第三层楼是灵魂生活。

人生中的一些事，看开难，放弃更难。一些事，看开了，却总是不能放下；明白了，却总是无法放弃。当你什么时候，放下随意，放弃如意，或许是一种快乐，一种幸福。

生活的最高境界是：忘掉过去的不幸之事，满意自己的现在，乐观看待自己的未来。

生命很重，所以生活要轻；生命很脆弱，所以心灵要坚强。人要活得美好，别让自己活得太累；要让好的心态、平衡的心理、美好的心情伴随你每一天。

学会知足，但不要轻意满足

费斯汀格法则："生活中的10%是由发生在你身上的事情组成，而另外的90%则是由你对所发生的事情如何反应所决定的。"此法则告诉我们，生活中有些事情我们无法掌控，但大部分事情是我们可以掌控的。事情好坏，关键在于我们如何对待。

人生到了一个阶段，生活就会给你做减法，减少了一些朋友，让你知道谁是真正的朋友；减少了一些梦想，让你认清现实是什么。

人生要学会知足，但是不要轻意满足。知足的人生会让我们体会到什么是幸福，什么事物才值得我们真心地去珍惜；而不满足又会告诉我们还可以做得更好，还可以更进一步，也许还会有更大的机会。

人生两大境界：一个是知道，一个是知足。知道，让人活得明白；知足，让人活得平淡。要知道决定你成功的是奋斗，决定你命运的是自己，决定你幸福的是知足。

命运在我们心中

人一生的际遇，并不是偶然，命运其实就在我们心中，你满怀希望，它就给你希望；你总是失望，它就给你失望。

做人如海，有波澜不惊、无畏、无惧、宽广、包容。

人的青春是可贵的。青春色彩是热情、梦想丰盈；青春的价值是艰苦奋斗、创造成就；青春的生命是付出、奉献为志。

静是一种力量，静心地学习，能获取知识；静心地思考，能出智慧；静心地做事，能出成果。静胜躁，清静为天下正。

人生中什么是重要的

做人，要诚心、尽责；做事，要尽心、尽力。只有这样，人生才会光彩。

欣赏生命，是对生命的一种珍惜与尊重。欣赏生命，需要一份平和的心态和轻松愉悦的心情；欣赏生命需要一种坦荡与从容。

人生需要一块聚光镜，人的精力总是有限的，要想事有所成，必须才有所精。世界嘈杂，我们无法避免，但内心的专注，却可以我们自己把握。

人生在世，要知道人生中什么是重要的、宝贵的、真正值得争取的；要知道自己能够要什么，自己的兴趣与能力做什么事最合适。

一个价值观正确的人，知道人生中什么是重要的，什么是不重要的；对重要的要看得准、抓得住；对不重要的看得开、放得下；大事有主见，小事能超脱。

人生总在得失之间。有得必有失。得到了成熟，就失去了天真；得到了知识，就失去了时间。失去也意味着一种得到，辛勤带来收获，淡泊名利，得到安心。

人生不求太满

人生不求太满，《尚书》说："满招损，谦受益，时乃天道。"小小满足足矣。小满后继续耕耘，会有新的收获，人生自能节节上升。

在人生中永远不要弄破这四种东西：信任、关系、诺言和心，因为当它们破了，是不会发出任何声响，但却异常的痛苦。

人生要修养九气：平时多读书，博览凝才气；众前慎言行，低调养清气；交友重情义，慷慨有人气；困中善负重，忍辱蓄志气；处事宜平易，不争添和气；对己讲原则，坚持守底气；淡泊且致远，修身立正气；居低少卑怯，坦然见骨气；卓而能合群，品高养浩气。

充满意义的生活，不是"得到"更多，而在于"给予"更多。追求生命意义的人，会在给予他人时享受到愉悦。

人生要有动有静，有变有不变，余秋雨说得好："就人生而言，也应该平衡于山、水之间。水边给人喜悦，山地给人安慰。水边让我们感知世界无常，山地让我们领悟天地恒昌。……水边的哲学是不舍昼夜，山地的哲学是不知日月。"

你心中装什么，决定你的命运

人生，要学会拿得起，要奋发进取、勇于担当、意志坚定、善于做事。也要学会放得下，也就是放下自我，摆脱私心的困缚；放下欲望，超脱对外物的追逐。还要学会想得开，一个人的境界越高，越想得开。眼界大了，心就宽了；站得高了，事就小了。

人只有这一生，我们可以淡然面对，也可以积极地把握；无论任何时候，开心最重要。在快乐的心境中做自己喜欢做的事，实现自身价值，是人生的最大幸福。

有位木匠做了三个桶，一个装粪，就叫粪桶，众人躲着；一个装水，就叫水桶，众人用着；一个装酒，就叫酒桶，众人品着。桶是一样的，因为装的东西不同，命运也就不同。人生亦如此，你有什么样的观念就有什么样的人生，有什么样的想法就有什么样的生活。你心中装什么，决定你的命运。

活鱼逆流而上，死鱼随波逐流。在人生的道路上，辛苦走的是上坡路，容易走的是下坡路。只有辛勤耕耘，才会有所收获；只有艰苦奋斗，才能获得成功。

适时把自己"归零"

人生也像时钟一样，到了子夜就要"从零开始"，只有归零，才会有新的周期与辉煌。适时把自己"归零"，就会心胸开阔，也是体现人生的大智慧与能力。在不断"归零"的基点上，让人生重新起航，不断努力就可胜利到达理想的彼岸。

人，其实不需要太多的东西，只要健康快乐，真诚地爱着，也不失为一种富有。当你想不开时，就不想；得不到时，就不要，不要为难自己。人生是公平的，你得到的越多，也必须比别人承受更多。

人生的黄金时代是三十而立，首先要立身，培养自己的品格和修养；第二要立业，确定自己所从事的事业；第三立家，就是应该有自己的家庭。同时，要明白自己的责任，知道自己的人生定位。

人生有多大的格局，就能干多大的事，成多大的业。所谓格局：

格，就是人的品行和德行；局，就是人的眼光与能力。格有三层境界：一是心地是否善良；二是心胸是否开阔；三是灵魂是否纯净。局也有三层境界：一是知识水平；二是眼光高低；三是能量大小。

成功而精彩的人生

人生不能丢失扬在脸上的自信、长在心底的善良、融进血里的骨气、刻进命里的坚强。

人生美好的东西被排在前十位的是：(1) 一颗童心；(2) 生生不息的信念；(3) 健康体魄；(4) 愉悦和舒心的工作环境；(5) 安稳平和的睡眠；(6) 享受属于自己的空间和时间的生活；(7) 牵手一个你爱的、爱你的人；(8) 拥有美好的心情；(9) 自由的心态与宽广的胸襟；(10) 点燃他人的希望。

成功而精彩的人生，胸怀要大度，说话要适度，读书有厚度，视野有宽度，理论有深度，工作有力度，事业有高度，寿命有长度。

我们每个人都应当认清目前的自己，找到属于自己的位置，走自己的道路。人生，越努力，越幸运。

优雅的人生

人生，昨天美好的留着，不如意的删去；今天一切都要珍惜；明天要努力争取。对的，坚持；错的，放弃。

优雅的人生，是用一颗平静的心、平和的心态、平淡的活法，滋养出来的从容和恬淡。多一些宽容，多一些大度，挥挥手，笑一笑，人生没什么大不了。

路，不通时，选择拐弯；心，不快时，选择看淡。有些苦，笑一笑，就冰释了。人生路，坦坦然然随缘行。

一个人要有自己的特点和特长，正如罗兰说："一个人的特色就是他存在的价值，不要勉强自己去学别人，而要发挥自己的特长。这样不但自己觉得快乐，对社会人群也更容易有真正的贡献。"

人到了一定的境界，才会变得自由，正如罗伊·马丁纳说："我生命里最大的突破之一，就是我不再为别人对我的看法而担忧。此后，我真的能自由地去做我认为对自己最好的事。只有在我们不需要外的来赞许时，才会变得自由。"

人生最好的境界是丰富的安静。安静，是因为摆脱了外界虚名浮利的诱惑。丰富，是因为拥有了内在精神世界的宝藏。

流传千年的四大智慧

流传千年的四大智慧：(1) 不忘初心。《华严经》里说："不忘初心，方得始终。"(2) 大道至简。你若简单，世界就不会复杂。(3) 有容乃大。

心有多大，天地就有多大。(4)上善若水。水利万物而不争。四大智慧修炼人生坎坷，成就人生辉煌。

人的心灵就像一个容器，时间长了里面难免会有沉渣。时时清空心灵的沉渣，该放手时就放手，该忘记的要忘记。时时刷新自己，这样才能收获满意的人生。

人生中最美的，不是风景，而是感情，是彼此的相知。

当你能够忘记你的过去，看重你的现在，乐观看待你的未来时，你就站在了生活的最高处。

当你修炼到足以包容所有生活之不快，专注于自身的责任而不是利益时，你就站到了精神的最高处。

人的生命很重，所以生活要轻；生命很脆弱，所以心灵要坚强。追求是个过程，努力就会有希望，阳光总是在最前方。

有艰苦奋斗的经历　人生就更丰富精彩

当你意识到生命宝贵和有限时，就要趁年轻时到艰苦地方或艰苦的岗位磨练；趁精力旺盛时要多做事，多作贡献。在人生的征途中，有艰苦奋斗的经历，比别人的体验更多，你的人生就更丰富精彩。

相信自己，越活越坚强，没有靠山自己就是山，没有天下自己打天下。活着就该逢山开路，遇水架桥。生活给我压力，我还你奇迹。

人生再苦再难，也要坚持自信；再好再风光，也要淡泊低调；再多再富，也要节省俭用。

人生的财富是身体、知识、理想、信念、自信、骨气。

人生不可能一帆风顺，难免会碰到各式各样的伤害（不幸之事或疾病等），但这些伤害又可能成为生命的一道养料，让生命变得更刚毅，更坚强，更充满生机、活力和希望。

人生的因果关系，喜欢学习，智慧就越来越多；喜欢分享，朋友就越来越多；喜欢知足，快乐就越来越多；喜欢助人，贵人就越来越多；喜欢付出，福报就越来越多。

生命是一系列选择的结果

人生要掌握好三把钥匙：接受、改变、离开。自己需要的可以接受的就接受；不能接受的那就改变；不能改变的那就离开、舍弃。

生命是一系列选择的结果，所有的选择都有代价；生命中的一切都是耕耘的结果，没有耕耘，都是浮云。你花时间做什么，你就会成为什么样的人。

人的一生，有一个知你、爱你、疼你、牵挂你、亲密相伴终生的人，是人生最大的幸福。

人生，你尽力了，一切都要顺其自然，乐观对待，正所谓："春有百花秋有月，夏有凉风冬有雪。若无闲事挂心头，便是人间好时节。"

人生不如意十之八九，我们唯一能自己作主和左右的，是属于自己的心灵和对待事物的态度。心态好，一切都会好。

人生的起跑点虽然有差距，但为未来努力是很重要很有意义的；无论你正在经历什么，只要坚持就要收获，因为从来没有一种坚持会被辜负的。

心态是心灵的窗口

人生像一杯茶，浓也好，淡也好，自有味道。人生，因为在乎，所以痛苦；因为看轻，所以快乐；因为看淡，所以幸福。

人生没有彩排，没有重来，要珍惜眼前的、你现在拥有的，做自己想做的。

同是两根竹子，一枝做成了笛子，一枝做成了晾衣杆。晾衣杆不服气的问笛子："我们都是同一片山上竹子，凭什么我天天日晒雨淋，不值一文，而你却价值千金呢?"笛子说："因为你只挨了一刀，而我却经历了千刀万剐，精雕细做。"人生亦是如此，经得起打磨，耐得住寂寞，扛得起责任，肩负起使命，人生才会有价值。

心态是心灵的窗口，心态决定我们看到怎样的世界。如果想把世界看清，就要让你的心灵保持纯净；如果想把世界看得全面一点，就要让心灵的窗口大一点，让你的心变得宽广。

人生绝不可做两件蠢事：一是拒绝读书，忽视灵魂；二是拒绝运动，忽视健康。

平凡是人的本质

人生中，属于你的，永远都在，即使远在天边；不属于你的，永远无法企及，即使近在咫尺。

苦是生活的原味，累是人生的本质。人生就是一种承受、一种压力，让我们在负重中前行，在逼迫中奋进。无论何时，都要给自己多一些激励，让自己的心灵轻快些，让自己的精神世界轻盈些。

平凡是人的本质，不论多么伟大的人都要吃、喝、拉、撒、睡，活着都穿八尺布。在悠悠的岁月里，总是平凡的日子居多。一个人将全部的感情和心都倾注到工作中去时，就平凡而伟大了。

人生的高度，不是你看清了多少事，而是你看轻了多少事。心灵的宽度，不是你认识了多少人，而是你包容了多少人。做人如山，望万物，而容万物。做人似水，能进退，而知进退。

世上，没有走不通的路，只有想不通的的人。想得开，道道都通畅。

人生要有看家本领，孔子说："不知命，无以为君子也；不知礼，无以立也；不知言，无以知人也。"意思是：不懂命运，就不能做君子；不懂得礼仪，就不能立身处世；不善于分辨别人的话语，就不能真正认识他。

人生最难提高的是素质

人生最难提高的是素质，最难改变的是习惯，最难控制的是情绪，最难平衡的是心态，最难战胜的是自己。但是，只要下决心，有毅力，有恒心，一切都不难。

人生就是一个不断选择、不断放弃的过程。有所放弃，才能让有限的生命放出最大的能量。放弃是一种智慧，放弃也是一种选择。其实，失去也是一种收获。

人生的许多变数，取决于天、地、人三者的运转变化，天时、地利、人和，三者俱佳，则凡事自顺。人活的就是心境。人的一生，大事小事无数，要乐观对待，对于小事要开心，对于大事要宽心。

人的一生都在不断的觉醒中。不论多么淡定，遗憾还是有。一个人可以不十分完美，但一定要真实；可以不很富有，但一定要快乐；不要负赘太多，要想得开，看得开，放得下。

如果将人生一分为二，前半段的人生哲学是"不犹豫"，后半段的人生哲学是"不后悔"。

当一个人阅历丰富时，就会多了风雨磨练的温厚，多了看透世事风景的从容，多了世故人生的成熟。看见的、听到的、经历的事情多了，就能从容淡定，随遇而安。

要有人生规划

要有人生规划，没有规划的人生叫拼图，有规划的人生叫蓝图；没有目标的人生叫流浪，有规划的人生叫航行。

人生要忙得有意义、有价值。蜜蜂忙碌一天，人见人爱；蚊子整日奔波，人人喊打；人多么忙不重要，忙什么才重要，一次重要的抉择胜过千百次的努力。

圆规为什么可以画圆？因为脚在走，而心不变。人要有圆满的成就，就要有决心，有恒心，不断努力奋斗。

人生是一场旅行，那些懂得轻装简行的人，就是生活的智者。他们更会享受更多的美景，走向更远的旅程。

一个人的成长需要时间，成熟需要经历，成功需要努力。

你不能决定生命的长度，但你可以控制它的宽度，海纳百川，有容乃大；你可以控制它的高度，壁立千仞，无欲则刚；你可以控制它的深度，静水深流，深谋远虑；你可以控制它的厚度，上善若水，厚德载物。

给人生留点空白

人不能整天忙忙碌碌，要给人生留点空白。没有空白的人生，永远都不会有心灵的宁静和精神的愉悦。生活的艺术，有时就是一门留白的艺术。

生命有数种形式，在这个世界上，过自己喜欢的日子，就是最好的活法。

早晨太阳从东方升起，一夜之后它又回归到东方。一切从零开始，还要回归到零。这是世界上最简洁、朴素、浅显的哲学。回归，温柔而有力，回归的真正面目是圆满。

人生三为：和为贵，善为本，诚为先。

人生的修炼：看得透，想得开，拿得起，放得下，走得正，行得直。

做人要方，做事需圆；小事糊涂，大事清楚；小胜靠智，大胜靠德；能忍是聪，会让是明；凡事看开，一生幸福。

人生所达到的高度，往往就是人们在心理上为自己选定的高度。格局是一个人对自己人生坐标的定位；只要我们能够调整心态，就一定能够为自己建立一个大格局。

以一颗平常心看待人生的得失

人生有为有不为，知足知不足；锐气藏于胸，和气浮于面；才气见于事，义气施于人。

人生最好的境界是丰富的安静，安静是因为摆脱了外界虚名浮利的诱惑。最深的宁静，来自最宽广、包容的胸襟。

生活在于过程，平淡不是无味，而是生活的真味；平淡不是无所求，而求的恰恰是人的本质。正确看待自己的拥有，以一颗平常心看待人生的得失。人生之苦，在得失间。心胸宽广的人，拿得起，放得下，无意于得失。

人生最难就是两个字：分寸。做人做事都要有分寸，林语堂说："一个人要有分寸感，才能彰显品位。"

善用借字，成就一生

你的责任确定你的方向，你的经历就是你的资本，你的性格决定你的命运。

一个人要拿得起，放得下。要拿得起，努力奋斗，积累自己人生的厚度，创造幸福美满的人生。拿得起是能力，放得下是智慧。

人生三借成就事业：（1）借势：时势造英雄，读懂趋势、把握趋势才能赢得未来，人生最大的智慧是选择；（2）借智：聪明人不断摸索总结经验，智慧的人善于向外学习、快速行动，节约人生成本，缩短成功时间；（3）借力：小成功靠个人，大成功靠团队。善用借字，成就一生。

人的一生要学会优化自己的圈子，因为圈子决定未来。与热爱学习的人在一起，会增长知识；与心胸宽广的人在一起，会放大格局；与哲人在一起，会增长智慧；与积极乐观的人在一起，会越来越快乐；与有远大目标、志向的人在一起，会很有远见。

人生最美妙的风景

昨天越来越多，明天越来越少；走过的路长了，遇见的人多了，不经意间发现，人生最美妙的风景，是内心的淡定与从容、头脑的睿智与清醒。

人生两境界：一个知道，一个知足。知道，让人活得明白；知足，让人活得平淡。决定你成功的，是奋斗；决定你幸福的，是知足。决定你快乐的，是豁达；决定你成熟的，是看透。

亲眼看过世界的人，面对喜怒哀乐不惊，心态淡泊，不追逐虚无的繁华，对世间的每件事情都能有乐观的心态。

人生就像一次旅行，最好的事情在前方，最棒的运气在今天，最妙的心境在此时，最美的风景在路上，要善于发现世界的美！

找到人生平衡点

人生四部曲：改变、适应、包容、放弃。改变不了环境就改变自己，要改变自己，就得改变自己的观念。适应是一种接受，一种挑战，在不断的适应中，品尝人生百味，充实人生的内涵，丰富生命的色彩。包容是一种艺术，也是一种本事。放弃是一种智慧，一种美丽；只有学会放弃，才能使自己更宽容、更睿智。

人生最大的修养是宽容，严以律己，宽以待人。

人总是从低的那一头开始往高处走，每走一步，下一步就变得更加困难，愈往高处走时，便愈难找到平衡。当你找到人生平衡点时，它就是你人生的最高处。

有得有失，才是人生。

竹子用了四年的时间，仅仅长了三公分，从第五年开始，以每天三十公分的速度疯狂的生长，仅仅用了六周的时间就长到了十五米。其实，在前面的四年，竹子将根在土壤里延伸了数百米，它并不是没有成长，而是在扎根。我们做人做事也是如此，人需要有储备，只有打好牢固的基础，才会有所作为。

人生道路要看远、看宽、看淡

有什么样的观念，就有什么样的人生；有什么样的想法，就有什么样的生活。

人生道路有三看：一看远、二看宽、三看淡。看远是寻找目标，渴望飞翔，寻思境界。看宽，有宽阔的思路、宽宏大量的胸怀。看淡，淡泊不是没有欲望，属于我的，当仁不让；不属于我的，千金难动其心。珍惜自己所有与幸福，与世无争，简单而又快乐。

一个人要会做学问，会做事业，更要善于生活。假若为学问为事业而忘却生活，那种学问、事业在人生中便失去真正的意义与价值。

在大海边，在高山上，在大自然中，远离人寰，方知一切世俗功利的渺小。

事情对人的影响是与距离成正比的，离得越近，就越能支配我们的心情。理解与欣赏一样，必须同对象保持相当的距离，然后才能观其大体。

学会拐弯，是人生一大智慧

河流为什么不走直路？最根本的原因就是走弯路是自然界的一种常态，而走直路是一种非常态。因为河水在前进的过程中，会遇到各种各样的障碍。人生也是如此，要怀着平常心看待前进中的种种困难与挫折，勇往前行，才能抵达人生的目标。

人字两笔，一笔写顺境，一笔写逆境，没有一帆风顺的人生，也没有布满荆棘的人生，有逆境就会有顺境。在遇到困难和逆境时，只要能坚持，就会柳暗花明又一村。

人生，没有什么是放不下的，有所舍，才会有所得。

学会拐弯，是人生一大智慧，人生路上难免会遇到困难，拐个弯，绕一绕何尝不是一个办法。山不转，路转；路不转，人转。只要心念一转，逆境也能成机遇。只要你心里拐个弯，路就会随心转，从而超越自我，开创新的天地。

人在前进的路上，有两种方式：前进与拐弯。前进需要勇气，拐弯需要智慧。

人生应当看清，看透，不说破。看清需要智慧，看透需要阅历，不说破则需要一种胸襟。有这种胸襟的人，精神世界一定是丰富的。

人生如棋，有进有退，生活从来都是波澜起伏的。知行知止，能进能退，也是一种大智慧。

人这一生，无情的不是人，而是时间，珍贵的不是金钱，是感情。

把人做好，把事做好，就是人生

人生，就是一边拥有，一边失去；一边选择，一边放弃。放下，就是为了更好地前行。没有什么东西是永恒不变的，人生也是这样，得失无常，再美好的东西，也无法永久拥有。

人生有尺，做人有度，我们掌控不了命运，却能掌控自己。

俗话说："人生不如意的事十之八九。"那我们就要常想一二成的事，过快乐的人生。

要把人生走得愉愉快快，把生活过得轻轻松松，就要拿得起，放得下，对身外之物要看开、看淡。

人到了一个阶段，生活就会开始给你做减法，拿走你的一些梦想，让你认清现实是什么，什么事情才值得你真心去珍惜。

以爱之心做事，以感恩之心做人；把人做好，把事做好，这就是人生。

人生最大的学问是做人

选对事业可以成就一生，选对朋友可以快乐一生，选对伴侣可以幸福一生，选对生活方式可以健康一生。

人生知足，既是一种清醒，更是一种心态；做人知不足，既是一种自律，更是一种自觉；做事不知足，既是一种责任，更是一种精神。

人生最大的学问是做人。

人生不是百米赛跑，而是一场漫长的马拉松。在人生的道路上，不要仅仅看到眼前的一点成就，而应将眼光放得更长远，取得最后的胜利，才

033

是最成功的人生。

无论世界上行业丰富到何等程度，机遇又多到何等程度，我们每个人能做得很好的事情，永远也就只有那么几种。有时候，仅仅只有一种而已。所以积极的人生，不妨做减法，要善于取舍。

人生中最美的

人的一生是短暂的，但如果卑劣地度过这短暂的一生，那就太长了。

生命短促，只有美德能将它留传到遥远的后世。

——莎士比亚

人生，用心了，才是生活；不用心，就是活着。

人生不能靠心情活着，而要靠心态去生活。成功的时候，不要忘记过去；失意的时候，不要忘记还有未来。人的一生也正如太阳的一天，有起，有落；晴天雨天都是必经，要从容对待。

人生中最美的不是风景，而是珍贵的感情；生活中最难得的是彼此相知。

人生就是一删一留，不好的删除，美好的留下。留下容易，删除难，要靠智慧和毅力。

人需要真理，就像瞎子需要明眼的引路人一样。

——高尔基

人可以平凡，但不可以平庸

人可以平凡，但不可以平庸。在该奋斗的时候，选择了安逸，这就是平庸；尽管平凡，但不懈努力了，不管做出了多少成绩，都是这个时代的英雄!

　　新的一年，放下过去，让心归零；思想上从零开始，实践中从零做起，才能对人生充满希望，对生活充满热情。

　　人生就是一本百科全书，它谱写了人在走过的每一段漫长人生道路上的酸甜苦辣咸、成功与失败、幸福与悲伤；记载着饱经风霜雨雪的丰富生活经验和生活阅历，是厚实的文化积淀，是一本厚重的书。

　　人的一生是一条上下波动的曲线，有时候高，有时候低。当身处高处时，要不骄不躁，要意识到潜在的危险，要不断地奋发进取。当身处低处时，不要悲观失望、自暴自弃，要看到积极的一面，充分利用自身的优势，争取机会的到来。

　　人生就是一次旅行，沿途会遇到各种困难，见到各种风景，但最后我们都要回归。

任何人只要努力，就有希望

　　世界上没有绝对完满的东西，月圆，很快就会月亏。有缺憾才是恒久，所以，不完满才叫人生。其实，最好的境界就是花未开全，月未圆；知足的人，才有幸福感。

　　人生不要和往事较真，因为没有价值；不要和现实较真，因为要继续；要下好自己的棋，演好自己的角色；乐观不疲地忙着，健康快乐地活着，平淡充实地过着，真实深情地爱着，这就是一种完美，一种幸福。

　　人要想清楚三个问题：第一你有什么，第二你要什么，第三你能放弃什么。有什么，很容易评价自己的现状；要什么，自己内心也有明确的想法；最难的是，不知道或不敢放弃什么，但是，没有人可以不放弃就得到一切的。

　　《万物理论》中说："人类的努力应该是没有边界的，我们千差万别，不管生活看上去有多糟糕，总有你能够做的事情，并且能够成功。有生命的地方，就有希望。"的确，任何人只要努力，就有希望。

　　人生中，需要有欣赏你的人，为你指路、领路的人，肯批评你的人，富有正能量的人，爱你、关心你、帮助你的人；你的人生才会充满阳光，事业有成，幸福快乐。

每个人的世界都是自己给的，不管你做什么，都要给自己留点空间，好让自己可以从容转身，自由自在。

人生要过有价值的生活

人生的道路，有时走的是崎岖小径，有时走的是林荫大道；有时顺畅，有时受阻；有时宽，有时窄。我们要在宽时品尝宽，窄时品尝窄；在逆时面对逆，在顺时享受顺，不要期望人生一路平坦宽敞。

人生的高度是自信撑起来的，所有的路，只有脚踩上去才知道远近和曲折，自信是人最大的潜能。

巴甫洛夫说："在世界上我们只活一次，所以应该爱惜光阴。必须过真实的生活，过有价值的生活。"时间是一个伟大的作者，它会给每个人写出完美的结局。关键我们要做的是，走在时间中，活在珍惜里，过好美好的每一天。

人活着是为了什么？成功、价值、快乐、幸福。生命中，事业有成，身心健康，家庭美满，就是幸福快乐。

人的一生都在学做人

人生在世，活的就是一个"情"字，亲情、友情、爱情、而这些都是一种心情。心情，才是人生中最重要的。

心情是什么？心情是一种感觉，是一个人对人、对事物、对人类社会活动的心理感受。只要心情好，一切皆好。

快乐是一种心情，一种自然的、积极向上的心态。要在平凡的人生中寻求快乐，要在人生磨难中寻找快乐，要在曲折人生中找寻快乐。

人的一生都在学做人，学习做人是一辈子的事，没有毕业的时候；不管谁，只要肯学习就会不断进步。

人生短暂，每个人都有很多事情想做、要做，我们往往会在前进途中失去人生真正的乐趣。如何拥有一个快乐的人生？我们要做的只是更好地利用自己的时间，去做最值得做的事。

驾驭生命

人必须有责任心，列夫·托尔斯泰说："一个人若没有热情，他将一事无成，而热情的基点正是责任心。"

人生面临许多选择，要择你最喜欢的，要珍惜爱护你所选择的。

是生命驾驭你，还是你去驾驭生命，由你的心态决定。首先要明确目标，确定自己必须做的事，管理好时间，合理分配好精力；专注和坚持是成功的不二法则。

把生活整理成自己喜欢的模样，生活做减法，身心才能做加法。保持平静、乐观，才是人生的好状态。

人生不怕挫折失败，只怕向困难低头

时间，珍惜，就是黄金；虚度，就是流水。珍惜时间，人生才有价值。

人生是一盘很大的棋，你在这里迂回一下，可能就在那里蓄积了力量，该让的让过，不会亏的。能在利益面前笑着礼让的人，会活得更加自在安乐。

洪炉可以炼成钢铁，困境可以成就伟人。生活如波浪，有波谷，也有波峰；在高峰的时候，且慢高歌；在波谷的时候，不必落泪。只要尽自己最大的努力，一浪翻一浪，一波过一波，便是人生的彼岸。

路是一步一步走出来的，情是一点点换来的，成就是不断努力奋斗出来的，人生就是这样一页一页翻过来的，心态好一切都会好，这就是人生。

人生百年不过俯仰之间，得失成败只是过眼云烟。成功时，不要骄傲，虚怀若谷方能百尺竿头；失败后，无需气馁，卧薪尝胆，以便东山再起。人生不怕挫折失败，只怕向困难低头。

尊重是一种修养

人生就像骑自行车，想保持平衡就要往前走。

尊重是一种修养，是人生必修，如空气之生命；对人要谦和、平等，尊重人格。

有副对联说得好："若不撇开终是苦，各自捺住即成名"，横批："撇捺人生"。

就是说，"若"字的撇如果不撇去就是"苦"字；"各"字的捺笔只有收得住才是"名"字；一撇一捺即"人"字。

"人"字两笔，一笔写得到，一笔写失去；一笔写顺境，一笔写逆境；一笔写快乐，一笔写忧愁；一笔写执着，一笔写放下。

凡世间之事，撇开一些利益纠结就不苦了；看方寸之间，能按捺住情绪才是人生大智。

生命，每个人只有一次，或长或短；人生，每个人都在旅途，或起或伏。世界很大，人事很杂；想得浅一点，活得就轻松；看得淡一点，头顶就有一片蓝天！这个世界，不单用眼看，还要用心品。

心情好，世界就美丽

人生就像一场旅行，不要只在乎目的地，更要注意沿途的风景以及看风景的心情，你的心情好，世界就美丽！

要珍惜你眼前的人，走好脚下的路，做好手中的事；只要问心无愧，你的价值就不菲；只要真诚善良，就有温暖回馈。

人生总要慢慢地熬，"熬"即是忍耐的意思。熬，是能量的积蓄，是生命的升华。世间有成就者，无一例外都有一个共同的特点：能熬。能够忍耐生活、学习、工作中的种种煎熬，在各种诱惑面前岿立不动，视而不见，听而不闻，坚持自己的信念和理想。

人生没有彩排，每天都是现场直播，每一天都不可追回，所以，更要珍惜每一寸光阴。

"值"字：正"直"做"人"，应是人一生追求的价值。

人生无悔，就是完整

千万不要后悔你人生中的哪一天，好日子带给你幸福，坏日子带给你经验，两者都是人生必不可少的。幸福让你甜蜜，经验让你强大；失败让你谦虚，成功让你闪光。

人生，一半糊涂，一半明白；生活，一半回忆，一半继续；人生无悔，就是完整；生活愉快，就是圆满！

老子《道德经》："万物之始，大道至简，衍化至繁。"就是说，越是真理的就越是简单。人们常常被物欲所左右，殊不知：朴素、简单是抵制肤浅与浮躁最好的方式。非淡泊无以明志，非宁静无以致远。心无杂念，宁神安适，不限于眼前得失，才会有长远而宽广的境界。江山明月，本无常主，得闲便是主人；大道至简，活在当下，知足便能常乐。

人的一生，有太多的事情要做，亦有太多的人值得我们去珍惜，不要浪费不必要的感情与精力在那些不必要的人与事上。去爱值得爱的人，去忘不该记的事。

美好的人生从自律开始

看淡人生，才会看淡名利；看淡名利，才知道人生该珍惜什么。人生没有完美，只有完善；岁月没有十全十美，只有尽量。

自律，是人生最尊贵的标记。丁尼生说："自尊、自知、自制，只有这三者才能把自己引向最尊贵的王国。"美好的人生从自律开始，自律也是一种生活态度和方式。自律的生活态度，是对身边人的尊重。唯有自律的人，才会得到岁月的厚爱，才能形成自由行走世间的底气，成就你想要的人生。

人要懂得节制、自省，懂得留白之美；再美好的东西，都要有留白，好文字不会写得太满；花未全开月未圆，就是人生最好的境界。

把所有的不快给昨天，把所有的希望给明天，把所有的努力给今天。人生似水，有容乃大。

走到生命的哪一阶段，都该喜欢那一阶段的时光，完成那一阶段该完成的职责。

人生的高度，是自信撑起来的

人生的高度，是自信撑起来的，自信是人最大的潜能。

什么是人生的苦与乐？人生最苦的事，莫过于身上背着一种未了的责任。责任越重大，负责的日子越长，到责任完了时，海阔天空，心安理得，那快乐就加倍。天下之事，从苦中得来的乐，才是真乐。有负责任的苦处，才有尽责任的乐处。尽得大的责任，就得大的快乐。

人的灵魂要如浩翰大海，不断接纳希望、勇气、知识、力量的百川，人生才会风华正茂，丰富多彩。

人生应有一定的长度、宽度、高度、厚度、重度，长度代表寿命长短，宽度代表心胸的宽窄，高度代表境界高低，厚度代表能力厚薄，重度代表贡献重轻。

时间是生命的长度，视野是生命的宽度，理想是生命的高度，胸怀是生命的厚度，积淀是生命的重度。

我们要延长生命的长度，拓宽人生的宽度，提升人生的高度。

人生，走对了路，每段都是精彩的

人生有尺，心静则尺平，心明则尺准；尺在心中，量人也量己；尺在身内，量得又量失。

每个人都是一本书，封面是父母给的，我们不能改变，我们所要做的就是尽力写好里面的内容。书的品质不在于书的厚度，更不在外表的装帧，重要的是内涵丰富。你读别人，别人也在读你，更重要的是读懂自己。

人生，走对了路，每段都是精彩的；做对了事，每件都是开心的；爱对了人，每天都是幸福的。人生两个好，身体好，心情好。

《道德经》："慎终如始，则无败事。"如果一个人能始终如一，持之以恒，直到最后还像开始那样严格要求自己，那么他的一生一定能成功，没有败事可言。

乐观对待人生的一切

做人如水：能适应任何环境，能容纳万物，本身却非常纯净；做事如山：要踏踏实实的做事，像山一样稳重，给人以信任。

人生需要坡度，虽然走坡度让你没那么轻松，但坡度能带给你的锻炼是平路所不能及的；虽然坡度让你感到坚持那么难，但坚持下来你就站到了高地。成功人士不是只走了一段上坡路，而是一直在走上坡路。成就越大的人，走的坡路越大，越艰难。人生的坡度越高，走着越累，而望得也就越远，自然得到的也就越多。

任何人的人生都不可能是完美的，但生命的每一刻都是美好的，我们都要很好的珍惜。

人生面对生与死时，泰戈尔的境界是："生如夏花之绚烂，死如秋叶之静美。"乐观对待人生的一切。

人生就是选择

人生如叠纸，一张足够大的纸，你如果将它一次又一次的对折，它的厚度就会一次又一次地增加，它的厚度到底能达到多厚？谁都难于想象。人的生命就是如叠纸般不断积累的过程；比如事业，只有经过坚持不懈、艰苦卓绝的努力，才能取得成功。

一个人要经得起打磨，耐得住寂寞，扛得起责任，肩负起使命，人生才会有价值。付出的越多，价值就越高。

人生要学会改变、适应、包容、放弃。

要改变现状，就得先改变自己，能干的人会选择改变，让不喜欢变得喜欢。

人的一生实际上就是一个不断适应的过程。

人生就是选择，而放弃正是一门选择的艺术，没有勇敢的放弃，就没有辉煌的选择。

我们想要的越多，反而越不快乐；想得到的越多，有时反而失去的也越多，因为在寻找得到的同时，总要付出一种代价。

给自己一个微笑，人生处处是阳光

人生过的是心情，生活活的是心态。给自己一个微笑，人生处处是阳光。

人生路上，相识于真，才知于心；相处于纯净，才能相望于透明；相守于珍惜，才能相伴一生。

一个人对自己的定位往往决定一个人一生的走向。正如《孙子兵法》上说的："求其上，得其中；求其中，得其下；求其下，必败"。先把目标定高一点，结果一定不会太差。决定你能站多高、走多远的是你思想的高度和深度。

该奋斗的年龄，不要选择安逸。要实现自己的理想，有所成就，就要努力奋斗，只要在路上前行，就没有到不了的地方。

聪明人，是有生活智慧的人，会有所为，有所不为，并很清楚什么年龄该计较什么，不该计较什么，有取有舍，收放自如。

人生最高境界

世上多数人是平凡的，平凡的人如果能以平凡之心对待名利地位，热爱事业，兢兢业业，认真做好本职工作，持之以恒，专心致志，就是平凡中的不平凡，有的可谓平凡而伟大；这个世界是平凡者构成的，世上的辉煌成果，需要许多平凡人的默默奉献与牺牲。

人生最高境界，就是一个字：给。给掌声；给面子；给信任；给方便；给礼节；给谦让；给理解；给尊重；给帮助；给诚信；给实惠；给虚心；给欣赏；给感激；给口德；给正能量。

人总要发光，发射自己的光，但不要吹灭别人的灯。

给人生一个梦，给梦一条路，给路一个方向；努力，才是人生的态度，生命只有奋斗出来的精彩，没有等待出来的辉煌。

人生要知足、感恩、微笑。一个人事业有成，家庭美满，身心健康，就要知足、感恩。知足，才能无忧；无忧，才能心静；心静，才能自在；自在，才能发自内心的快乐。

第二章　人生的方向

人生要有理想目标，才有前进的动力，才有努力的方向。

我们都是自己的人生设计师

人生的动力源于拥有一个不断超越的进取目标。人总是有所追求，进取心始于一份渴望。人生就是为了实现自己的目标不断超越的过程。

我们都是自己的人生设计师。我们要确定人生目标，选择自己的生活道路，朝什么方向走。我们的人生靠自己去雕琢。

你给自己什么样的定位，决定了你一生成就的大小。目标长远则动力作用大，目标短小，产生的动力则小。

要确信目标终究会实现，只要全神贯注、朝着自己的目标不断向前，必有收获。卡耐基说："朝着一定目标走去是'志'。一鼓作气中途绝不停止是'气'，两者合起来，就是'志气'。一切事业的成败都取决于此。"

目标，是生命的一种支撑

人要永葆青春就要有理想。年龄会使皮肤老化，而放弃理想、放弃热情却会使灵魂老化。

目标，是生命的一种支撑。一个人心中有了目标，就会为实现目标而努力奋斗，就会活得有意义。

理想和希望具有鼓舞人心的创造性力量，它鼓励人们去尽力完成自己所要从事的事业。它又是才能的增补剂，能增长人们的才干，使理想成为现实。

理想是支配一个人生命的东西，每个人都应有高尚的目标，不论做什么事，都要朝着高尚的方向。

人必须活在希望中，而这种希望和光明是自己为自己设置的。只要活在希望中，就会看到光明，这光明也将会伴随我们的一生。

人世间，许多事，只有一直向往着才是最美好的。如果一旦实现便可能要打折扣。然后，又要有新的美好的向往。人总是要有所向往、有所追求，生活才有意义。

成功的人永远乐于迎接挑战，总是为自己树立可以预见的新目标，并一个个努力实现。

山岭重重，青山挡不住一条河水流淌出来，它所流经的地方，必是一条最好的路。每个人的生命都有这样的一条河流，它就是心中的希望和梦想。只要你心中有理想，再大的困难也能克服。理想指引你的人生之路通向一片开阔的天地。

苏轼说："古之立大事者，不惟有超世之才，亦必有坚韧不拔之志。"

目标是一个人成功路上的里程碑

目标是一个人成功路上的里程碑。目标是一种持久的热望，能调动起你的智慧和精力。目标是行动的动力，激励你全力以赴，奋力拼搏。

有什么样的目标，就有什么样的人生。爱因斯坦说："在一个崇高的目标支持下，不停地工作，即使慢，也一定会获得成功。"

人要有理想，没有理想的人生，是没有希望的人生，人因为有了理想而存在，而不断进步、不断发展。

人的追求是无止境的，成功的乐趣就在于超越人生中的一个又一个目标，只有这样才能不断地产生前进的动力和激情，只有这样才能真正享受到人生的乐趣。

一个人的志向不是越高越好，而是要适度，志向要与自己的才华相当。

要摆脱需要得到外界赞许的心理,你是判断自己价值的人,而你的目标就是不管其他人怎么考虑,去发现自己的内在价值,要坚定自己的理想目标,做你自己。

伟大的理想产生伟大的动力

伟大的理想产生伟大的动力。崇高的理想信念,能成为真正的精神支柱,能产生伟大的力量。

理想与热情是人生航行中的灵魂的舵和帆,没有它,人就没有前进的方向和动力,也就永远达不到目的。

劳伦斯说:"美满的人生,是在使理想与现实两者切实吻合。"人要有理想,而理想要符合实际,并且需要人脚踏实地地努力奋斗才能实现。

鲁迅说:"凡事以理想为因,实行为果。"徐特立说:"一个人有了远大的理想,就是在最艰苦困难的时候,也会感到幸福。"乔万尼奥里说:"伟大的理想只有经过忘我的斗争和牺牲才能胜利实现。"

泰戈尔说:"生活的理想需要广博的哲理。"高尔基说:"不知道明天要干什么事的人是不幸的人。"一个人的理想决定着他的努力和判断的方向,生活的理想就是为了理想的生活。

> 要成大事,就得既有理想,又讲实际,不能走极端。
>
> ——(美)罗斯福

人的一生都要有所追求

我们要有所追求,人只有在不断追求中才会感到持久的幸福和满足。

人往往对有了的东西不知道欣赏,对没有的东西又一味追求。其实,应该首先珍惜现有的,再去追求更好的。

人的一生都要在追求中度过，对理想、知识和真理的追求是无止境的，而对物质的追求则不要无止境，要适可而止。

只有不断地追求探索，永远不满足已取得的成绩的人，生活才是美好的、有价值的。

——［苏联］萨帕林娜

人类的使命，在于自强不息地追求完美。

——［俄］列夫·托尔斯泰

世上一切真正有益的东西，无一不是智者通过正确的追求得到的。

——［英］伯克

希望是生命的灵魂

希望是生命的源泉，支撑生命的力量。希望是为痛苦而吹的音乐，人有了希望就能忍受人生的痛苦。希望蕴藏着极大的力量，能使我们的志向成为事实。

人总得有希望，希望就是生活。希望是人的阳光，是宝贵的财富。如果没有希望就没有奋斗，便一事无成。

希望是生命的灵魂，心灵的灯塔，成功的响导。

——［德］歌德

每人心中都应有两盏灯光，一盏是希望的灯光；一盏是勇气的灯光。有了这两盏灯光，我们就不怕海上的黑暗和风涛的险恶了。

——罗兰

强大的勇气、崭新的意志——这就是希望。

——［德］马丁·路德

人要有梦想，梦代表向往，代表追求，代表希望。追梦是一个付出艰辛到快乐的过程。梦如能如愿，当然令人高兴，即使不能如愿，也会让人体会到过程的快乐。

有追梦的人，往往就是有理想有信念的人，这样的人能百折不挠，勇往直前，成功的概率自然比较高。

为了实现心中的梦想，需要脚踏实地地付出，需要坚韧不拔的努力，需要契而不舍地坚守。没有追梦的辛苦，就不会有圆梦的甘甜；没有执着的坚持，就不会有圆梦的时刻。

没有目标，就做不成任何事情

人生必须有明确的目标，没有目标，人生就像在大海中没有罗盘航行；如果目标太多，哪里都是目标，那就等于没有目标。

没有目标，就做不成任何事情，而目标渺小，就做不成任何大事。目标太大，不切实际，则不可能实现，所以，要确定较大、切合实际的目标才可行。

目标越接近，困难越增加。越是接近胜利时，越要戒骄戒躁，做更艰苦的耐心细致的努力。

我们不能总是生活在自己的想像之中，不能虚幻地设想如果自己去做某一件事一定会比别人做得好。重要的是要踏踏实实去做，一步一步地实现自己的理想目标。

当你确定了自己的理想目标时，就要迅速行动。马克·吐温说："领先的秘密在于开始行动。"

以目标为中心

一个人，只有心中先有目标，做事的时候才不会被各种条件和现象迷惑。有了明确的目标，你就会心无旁骛去努力奋斗，坚持到底。

世界观、人生观、价值观就是观世界、观人生、观价值，是一个人对世界万物、人生目标、价值取向的立场、观点、态度和看法的总和。它是做人做事的"总开关"。

目标是本，任何一项工作都必须以目标为中心。只有把注意力凝聚在目标上，你才能在事业上取得成就。

一个人的目标是从梦想开始的，一个人的幸福是从心态上把握的，而一个人的成功则是在行动中实现的。因为只有行动，才是滋润你成功的食物和泉水。

一个人真正的财富并不是你拥有多少，而是你能为别人做多少。

没有伟大的愿望，就没有伟大的天才。

—— [法] 巴尔托克

人生最大的快乐是致力于一个自己认为伟大的目标。

—— [爱尔兰] 萧伯纳

生活的灯塔

人要有理想和高尚的精神，雨果说："人，有了物质才能生存；人，有了理想才谈得上生活。脚步不能达到的地方，眼光可以到达；眼光不能到达的地方，精神可以飞到。"

人生要有个目标来作为生活的灯塔、心灵的支柱、力量的源泉，有了目标，才会有前进的方向和动力。

要开创自己美好的人生，必须选定适合自己的方向。找到属于自己的方向，就能把整个人生照亮。许多卓越人士，都是年青时就明确自己的方向，并为之努力奋斗。

人要有自己的理想，并为之奋斗；你不是活给别人看的，过给别人看的生活是一种累赘，活给自己看的生活，才是洒脱、轻松、充实的；因为生命是自己的，灵魂是自己的，人生也是自己的。

第三章　人生的品位

人要有道德修养，良好的人格品质，这是做人之根本。

做人是根本

品质是人的立身之本。一个人只有具备了良好的人格品质，才有资格取得人生的成功。

做人是根本，一个人的人品是非常重要的，是其他东西无法替代的。一个人不论他多富有，也不论他有多大的权力，如果他的人品中找不到诚实与正直，那么他就永远不可能成为一个真正的成功者。

真被赞誉，善被赞扬，美被赞赏；真、善、美在一起时，则被赞颂。

声誉是世间最宝贵的珍宝，它是靠一个人的优秀品质换来的。任何刻意追求都是徒劳的。我们只能通过自身修养和塑造自己的品质来获得声誉。

宽容是一种美德，怀有这种美德的人将会避免许多不必要的精神困扰，怀着愉悦的心情去生活；宽容是一种境界，能够达到这种境界的人，会感到世界上的人都冲他微笑。

诚信是一种习惯

诚信，首先是重承诺，然后要守信用。不仅对别人必须如此，对自己亦应如此。但许多时候，我们把对自己的诚信忽略掉了。对自己计划要做的事不做，你对自己失去诚信，你却并不以为然，只因为无人知道。诚信是一种习惯，当你屡屡对自己失去诚信，那么距离你对他人不讲诚信的那一天，也就为时不远了。对自己讲诚信，不仅对自己事业负责，更是对自己的人品负责。

怎样才能改变自己

怎样才能改变自己，是所有问题中最棘手的问题。改变自己最重要的一步是愿意改变自己的想法，并且，考虑自己承担的责任。

成熟是一种处变不惊的从容、胸有成竹的大气、与世无争的淡泊、游刃有余的厚实。

不要高估自己在集体中的力量，即使没有你，太阳照常升起。

心中有责任

马克·吐温曾说过："我们生到这个世界上来是为了一个聪明和高尚的目的，必须好好地尽我们的责任。"责任心承载着一个人的人格，只有负起责任的时候，才能找回做人的根。一个人心中有责任，做事就不会为个人得失所迷，无论什么时候，都能勇于承担责任。

忠诚无价

忠诚无价，忠诚的品质能赢得人们的敬重和信任。在我们的一生中，要永远怀着赤诚之心，使我们的生活、事业和爱情，因为有忠诚这一品质的滋养和支持而获得成功和幸福。

做人要有底线

一个人总要有自己的原则、自己的立场。不能一味迁就别人。做什么事情都要有个度，不能过度，否则就是没有原则。办事没有原则，只会带来不良后果，而不会有什么好的结局。

做人要有底线，思想的底线，是积极向上；道德的底线，是诚实善良；法律的底线，是公正守法。底线是做人的根本，是行为准则，也是维护个人尊严的法宝。只有坚持自己的底线，才能坚持自我，守住立身为人的根本。

自然美才是最美

一个人要有云山风度，潇洒、稳重；要有松竹精神，坚毅、有骨气。

自然美才是最美，只有自然才能真正打动人心。真正的魅力不是刻意修饰出来的，只有让内心的修养和外在形象融为一体，才能在自然流露中打动人心。

培养襟怀

一个人的心胸有多大，他做成的事情就有多大。要培养襟怀是要经历苦难、挫折和逆境的磨砺的；人只有经历过人生的诸多境遇，才会积累下丰富的人生经验，才会在遇到任何问题的时候都能从容应对。

一个敢于拿自己开涮的人，是一个看似愚蠢实则聪明的人。他不仅能清楚地认识自我，给自己准确定位，真诚不遮掩，包容不狭隘，大度不刻薄，能降低身份拉近与其他人的距离，在自我调侃中获得共鸣。这是一种高境界的幽默，也是一种聪明智慧。

行善是一种美德

列夫·托尔斯泰说："生活的目标是善良，这是我们的灵魂所固有的一种感情。"行善是一种美德，行善不仅是帮助别人，同时也帮助自己，可以使自己的心灵得到安慰，使自己的修养得到提升。行善是一种维护人性的需要，有助于一个人保持良好的心；行善是心灵最好的医生。

一个不自以为是的人会超出众人

老子说："不自见，故明；不自是，故彰；不自伐，故有功；不自矜，故长。"意思就是，一个人不自我表现，反而显得与众不同；一个不自以为是的人会超出众人；一个不自夸的人会赢得成功；一个不自负的人会不断进步。

真正有才华的人，不炫耀自己的本领。一个有本领的人，他吹捧自己越少，人们就认为他越伟大。

学会欣赏自己

要在自我赏识中肯定自己。学会欣赏自己，就会发现自己有比别人更美的地方。如果对自己都不欣赏，就不会有自信、自爱与自强。多欣赏自己，你就会发现生活是如此美好，人生是如此幸福。

挑战自己

人生最大的挑战是挑战自己，最难战胜的敌人是自己。有位作家说："自己把自己说服了，是一种理智的胜利；自己被自己感动了，是一种心灵的升华；自己把自己征服了，是一种人生的成熟。大凡说服了、感动了、征服了自己的人，就有力量征服一切挫折、痛苦和不幸。"

习惯的力量巨大

习惯的力量是巨大的，它会影响你的一生。好习惯是一种无形的资产，让你受益终身；而坏习惯会如一个如影随身的魔鬼，坏了你的大事。

人贵有自知之明

人贵在于有自知之明。自知之明，不仅是一种高尚的品德，而且是一种智慧。只有正确估计自己长处与短处的人，才有自知之明。而有好些人经常是处于一种既自大又自卑的矛盾状态。一方面自我感觉良好，看不到自己的缺点；另一方面，却又在应该展现自己的时候畏缩不前。

爱迪生说："个性就是差别，差别就是创造。"每个人都有自己与众不同的闪光之处。要发挥自己的价值，最重要的就是认识到自己的个性，并加以发展。只要能在生活中扮演好自己的角色，就能找到真正属于自己的位置，并在这个位置上发出光芒。

节俭是一种美德

节俭是一种美德。节俭不仅是积累财富的一块基石，也是许多优秀品质的根本所在。节俭可以提高个人的品性，从合理地使用自己的时间、精力，到养成勤俭的生活习惯。节俭的习惯表明人的自我控制能力，能主宰自己的命运。

拥有坚韧的性格

坚韧的性格是人生路上必不可少的，因为人生路上肯定不会一帆风顺。拥有了坚韧的性格，就不会被困难、挫折轻易地击倒。

信念是一个人成功的动力

信念是一个人成功的动力，是造就人生奇迹的伟大力量。信念能够唤起一个人的自信，高举信念之旗的人，能够克服重重困难，实现自己的理想。

人要有坚强的信念。爱因斯坦说："由百折不挠的信念所支持的人的意志，比那些似乎是无敌的物质力量具有更大的威力。"罗曼·罗兰说："居于一切力量之首的，成为所有一切的源泉的是信仰。"如果一个人有坚定的信仰，就能创造奇迹。

自信心是一个人取得成功的内在驱动力。只有自信的人才有可能在成功的路上健步如飞。只要我们相信自己的力量，充分发挥自身的潜能，每个人都可以大有作为。

自立是生存的开始，是成功的保证。一个人只有靠自力更生，坚韧不拔地自助实干，才能在世上立足，才会有所作为。

一个人具有什么样的心态，他就可以成为什么样的人，就能够拥有什么样的人生。拥有积极的心态，能始终乐观地看待自己周围的事物，身处逆境时能依然积极乐观地寻找改变逆境的方法，面对人生的磨难和挫折，能时刻保持积极进取精神，就会获得成功的人生。

当一个人能力不足时，他会倾向于过度自夸，但随之而来的可能就是沮丧。而过于自信的人，往往容易抑郁。

一个人要宽其心，容天下之事；虚其心，赏天下之美；潜其心，究天下之理；定其心，应天下之变。

进取心是一个人向上的动力

进取心是一个人向上的动力，只有不断进取，生命的价值才能不断地升华。

进取心代表一个人的发展方向和所能达到的人生高度。人一旦养成一种不断自我激励、始终向着更高目标前进的习惯，进取心就会成为一种强大的自我激励的力量，使人生变得更加崇高。

水只有在流动中才能保持新鲜，人只有在不断进取的状态下才能永葆生命的活力。既然生命不息，那就应该不断进取，超越自我。对于一个积极进取的人来说，每一天都是崭新的起点。

责任感可创造奇迹

门肯说："人一旦受到责任感的驱使，就能创造出奇迹来。"责任感可以成为我们奋斗的动力，你承担的责任越多，你处理事情的能力就越强。一个人的能力是用不完的，能力是越用越多的。

驾驭好自己的情绪

高尔基说："哪怕是对自己的一点小小的克制，也会使人变得强有力。"一个人要想成为能够掌握自己命运的强者，成就一番事业，就必须对自己有所约束、有所克制。

一个人的情绪如果不能得到有效的调控，就可能成为情绪的奴隶和牺牲品。要想成功必须使消极情绪得到有效的控制，驾驭好自己的情绪，增强自控力。

狄更斯说："无论做什么事情都不要着急，不管发生什么事都要冷静、沉着。"一个人在关键时刻，在危难之中能够保持冷静，不仅是一种可贵的品质，而且也是战胜困难、化险为夷的重要条件。

每个人都会有自己的闪光点和骄傲，但不可将这份骄傲无限放大，脱离实际。盲目自大的人不清楚自己的优点和缺点，他们企图掩饰自己的缺点，而夸大自己的优点，往往过高地估计个人的能力，失去自知之明。

形象很重要

成功，形象很重要。形象的内容宽广而丰富，它包括你的穿着、言行、举止、修养、生活方式、知识层次以及和什么人交朋友等。一个成功人的形象，展示给人们的是自信、尊严、力量、能力；通过你的穿着、微笑、目光接触、握手、一举一动，让你浑身都散发着一个成功者的魅力。

伏尔泰说："美只愉悦眼睛，而气质的优雅使人心灵入迷。"优雅谈吐反映一个人的博学多识，表现其不同凡响的气质和风度。

人生是一个大舞台，每个人都有表现自己才华的权利，展示不等于炫耀，把自己最精彩最优秀的东西奉献给大家，一定会博得热烈的掌声，还会赢得人们的喜爱和尊敬。

能管住自己，才能驾驭世界

自制力是日常行为的一把保险锁，它要求你以理智来平衡自己的情绪，接受理性的指引。只有能控制自己的行为和情绪的人，能管住自己，才能驾驭世界。

认识自己

尼采说："聪明的人，只要能认识自己，便什么也不会失去。""自知"

是做人的基石，正确认识自己，才能使自己充满自信，才能确定人生的奋斗目标，才能使人生的航船不迷失方向。

老子说："知人者智，自知者明；胜人者有力，自胜者强。"聪明的人很清楚自己的长处和短处，正确估计自己；愚蠢的人却没有自知之明。

黑格尔说："有嫉妒心的人自己不能完成伟大的事业，乃尽量去低估他人的伟大，贬抑他人的伟大使之与他人相齐。"嫉妒往往来源于和他人的比较，一旦认为他人在某方面比自己强，便会时刻想着如何打击、诋毁他人。这样的人不可能专注于自己的事业，而把精力都放在关注他人的一举一动上。相反，每一个专注于事业的人是没有功夫去嫉妒别人的。

懒惰是学习的大敌，是工作的大敌，是生活的大敌。马歇尔·霍尔说："没有什么比无所事事、懒惰、空虚无聊更加有害的了。"一个人想战胜懒惰，勤劳是唯一的途径。

人的一生当中，会遇到许多陷阱，而最可怕的一种是自掘的陷阱——贪婪。因为贪心遮住了你的眼睛，使你无法看到危险所在。

做人要实实在在，不慕虚荣。虚荣是表面上的荣耀、虚假的荣誉。虚荣心是自尊心的过分表现，它促使人们装扮得完全不同于本来的面目，以赢得别人的赞许或认可。虚荣是一种葬送人生的缺点。

谦逊是一种美德

王尔德说："人们把自己想得太伟大时，正足以显示本身的渺小。"一个人要明白"人外有人，天外有天"，谁也不是常胜将军。

谦逊基于力量，达芬奇说："浅薄的知识使人骄傲，丰富的知识使人谦逊，所以空心的禾穗高傲地举头向天，而充实的禾穗则低头向着大地，向着他的母亲。"谦逊不仅是一种美德，谦逊还是通往进步之门的钥匙，是你无往不胜的要诀。

襟怀大，内心就会宏阔

中国人在建筑上是讲究大格局的。其实，人们也是喜欢人心的大格局；格局一大，襟怀大，内心就会宏阔，精神就会逍遥，灵魂就会奔逸自由。

思考问题时，人们习惯用"是"来观照考虑，比如问哪个"是"好人，什么"是"快快乐乐的源泉……这样的分辨和拣选，分别心太重，得到的答案也是狭隘的。如果改问哪个"不是"好人，什么"不是"快乐的泉源……你将发现，这种"逆向思考"，让世界变大了，你的心胸变宽阔了，每个人、每件事，都变得可爱了。人生免不了有分辨、拣选的时刻。如何分辨、拣选，需要的不是费心，而是慧心。

当别人对你不作要求的时候，我们对自己更应该有所要求。

做人处事要自然

做人处事要自然。人本是人，不必刻意去做人；世本是世，无须精心去处世。

一个人要做到潇洒从容是经过磨练的。从容是建立在对未来有预期，对所有的结果和逻辑都很清楚的基础上的。你只要对内心、对事物的规律有把握，就会变得很从容。对未来的东西越有把握、越理性，你就会变得越从容。

古罗马著名诗人贺拉斯以磨刀石自喻。他虚怀若谷地说："我不如起个磨刀石的作用，能使钢刀锋利，虽然它自己切不动什么……"

恩格斯以山泉自喻。他说："一股汹涌的泉流，呼啸着独自出山谷。松树在它面前轰然倒下，它就这样给自己冲开一条大道。我也将和这股山泉一样，给自己开辟一条大道。"

鲁迅把自己比作牛。他说："我好像一只牛，吃的是草，挤出来的是牛奶、血。"又说："横眉冷对千夫指，俯首甘为孺子牛。"

曹操以志在千里的老马自喻。他在《龟虽寿》诗中说:"老骥伏枥,志在千里。烈士暮年,壮心不已。"

善于管理自己

一个人要善于管理自己。管理自己其实就是自律,是人的一种重要品质。

伟大首先就是管理自己。当你不能管理自己的时候,你便失去了领导别人的所有资格和能力。只有你管理好了自己,在组织中成为最好的成员,才能取得领导的资格。

不能制约自己的人,不能称为自由的人。

这世界上你不能控制一切,但至少有一个地方你可以控制,那就是你自己的心境。然而,要控制自己也不是容易的事。

意志力是人们对冲动与想法加以控制和对目标锲而不舍的能力,是一种有限的生理资源。自制力越强的人在生活中会越成功。

正确对待不公正待遇

如果你总在乎他人怎样看你,那你就会一直是他人的奴隶。

任何社会、任何时刻,都会存在不公平、不公正的现象。对难于避免的不公正待遇,只能正确对待。毛泽东视不公正待遇为一种锻炼和教育,他认为,不公正待遇,并非有害无益,关键是以怎样的态度对待它。

做人要低调与高标的统一

天下万物,水最重要。无水,万物不生;缺水,万物不灵。水可贵,水的性格更可贵：障之，就停一停；启之，就行一行；静之，就清一清。人应该学习水的性格。要学水那样障时停一停的做派。停一停，不是无所作为，而是积蓄能量，是为了进一进。还要学水那样被障时静一静的风度。静一静，清一清，能使激动的心情平静下来，焦躁的情绪舒缓下来，客观地总结得失。

做人，不要像气球，只要被人一吹，便飘飘然了。要有自知之明，知道自己的分量，坚持平常、自然做人。

做人要低调与高标的统一，平凡与不俗的统一，这是朴实的人生，也是厚重而辉煌的人生。

懂得感恩

感恩是一种处世哲学，是生活中的大智慧。世界科学巨匠霍金高位瘫痪，命运之神对他苛刻得不能再苛刻了，可他仍感到自己很富有：一根能活动的手指，一个能思维的大脑，有终生追求的理想，有爱我和我爱着的亲人与朋友，还有一颗感恩之心……他懂得感恩，因而，他的人生寓平凡于伟大，是充实而快乐的。

舍是哲学，得是本领

人们的心境大致可以分成三种境界：一是提不起，放不下；二是提得起，放不下；三是提得起，放得下。我们要活得自由，就要提得起，也放得下。

舍是哲学，得是本领。舍得是境界，是大智慧。人的时间、精力、能力有限，生命之船承载不了太多，一味贪大求全，四处开花，什么好处都想占有，难免顾此失彼。要舍去那些达不到、够不着、做不来的东西。舍弃并非放弃，更不是什么都舍，爱情、亲情、友情、诚信、公德、仁义等舍不得。

懂得自爱自尊

人生在世,第一重要的是做人,懂得自爱自尊,使自己有一颗坦荡又充实的灵魂。

人要"大度",就必须先有"简单"。就像一个容器,先腾空里面的东西,留出空间才能容纳新的东西。一个人简单起来了,就成了一个智者。会看破许多别人所不能看破的东西。而要自己"简单",是需要修行的,修行的方向无非是让自己脱离繁杂的物诱世界。

人们多懂忍逆,但顺更要忍,不骄、不喜、不贪、不狂皆为忍。

简洁的人聪明。在生活和处事方式上,喜欢简洁的人更加聪明。简洁的方式,还能让周围的人感到愉快。简洁的风格带着美感与智慧,常常令人感到快乐。

山不在高,水不在深,为道谨言慎行;逆境不悲,得势不喜,不登峰巅,依旧可以一览众山小。

人生在世,若胸中无物,则无法安身立命;若骄傲自大,则会覆于一旦。因此,做人不宜过满,"中则正"即可。

明末清初思想家、哲学家、文学家王夫之提出"修身六然":自处超然,处人蔼然,无事澄然(就是清澄、安宁的意思),处事断然,得意淡然,失意泰然。

人们常说真金不怕火炼,其实,真金有时也是害怕火炼的。真金虽然经得起火炼,火炼不会使其变质,但却能使其变形。一个品质好的人,虽然经得住火炼,但也怕火炼,虽然火炼不会使其变心,但却能让他伤心。

为人要有自知之明

为人要有自知之明,不可轻信他人的赞美之言,听到恭维之语时,不能忘乎所以、飘飘然,而应该保持清醒的头脑,并反省、深刻审视自己,这样才能有所进益。

胡适在给儿子的家书上说："要做最上等的人，这才是有志气的孩子。但志气要放在心里，千万不可放在嘴上，千万不可摆在脸上。无论你志气怎样高，对人切不可骄傲。无论你成绩怎么好，待人总要谦虚和气。你越谦虚和气，人家越敬你爱你。你越骄傲，人家越恨你，越瞧不起你。"

人要有像春夏秋冬一样的四季心灵

人要有像春夏秋冬一样的四季心灵。待人，要像春天一样温暖，真诚关爱；工作，要像夏天那样炽热，热情奔放；处事，要像秋天一样成熟，深思熟虑；对待困难，要像冬天那样冷酷，勇于战胜。

态度决定命运

态度决定命运。态度是个奇妙的东西，会产生神奇的力量。乐观，能使我们信心满怀、热情洋溢；积极进取，能让我们永不倦息地执着自己的梦想；知足常乐，使我们懂得享受生活中的美好和快乐。

微笑是世界上无声的美好语言。微笑标志着一个人的自信、雅量和大度，也是境界。只要会用微笑生活，你就会懂得生活的意义。你微笑对待生活，生活就会给你更加灿烂的微笑。

坦然是平淡中的自信与乐观。泰戈尔的一句诗："天空不留下鸟的痕迹，但我已飞过。"许多事的得失成败我们不可预料，只需尽力去做，求得一份付出之后的坦然和快乐。

要坦然看生活，你坦然，于是你的心美丽。你的心美丽，于是你的人生跟着美丽。

越成熟的稻子，头就会越低，意味着应该更多地为别人付出。人知识越丰富，就越谦虚，对社会越有贡献。

人要学会控制自己，任何限制，都是从自己内心开始的。

要有阳光心态

做人要有竹子挺拔直立的精神和荷花出淤泥而不染的品格。

毛泽东同志说："人是要有一点精神的。"精神是一种无形的力量。我们要追求精神的高尚富有，然而这是一个长期坚持学习锻炼、不断吸取各种精神养料的过程，必须贯穿于整个生命旅程和工作生活的各个方面。

谦和是一种崇高的修养境界，是一种严谨的人生态度，是一种低调的人格魅力。

我们要有阳光心态。阳光心态是一种积极、知足、感恩、达观的心智模式。

做人要做好"加、减、乘、除"。"加法"，就是加强学习，提高素质；"减法"，就是减少忙乱，稳步工作；"乘法"，就是不骄不躁，乘势而上；"除法"，就是革除杂念，一心为公。

做人要像大海一样接纳百川，宽容大度；要像湖泊一样明澈通达，廉洁可敬；要像小溪一样默默无闻，甘于奉献。

要以平常心看得失，以宽容心获尊重，以进取心赢未来。

你不可以也不可能压倒一切，但你也不能被一切压倒。

自悟在于自静

白居易说："自静其心延寿命，无求于物长精神。"自静智生，智生事成。自静可以让我们变得专注而博大、含蓄而丰富。自静，是一种超然的境界，一种自我修养的方式。

人需要有悟性，自悟的深与浅，取决于对自我的认识以及对自身素质修养的程度。自悟在于自静，也源于自静。自静的觉悟有多高，自悟的自觉性就有多强。

做自己心态的主人

狄更斯说:"一个健全的心态比一百种智慧更有力量。"一个好的心态,可以使你乐观豁达;一个好的心态,可以使你战胜面临的苦难;一个好的心态,可以使你淡泊名利,过上真正快乐的生活。

做自己心态的主人,保持平静之脑、平常之心、平淡之欲、平实之风、饱满精神、进取之志、乐观态度。

廉洁是莲花的智慧

古往今来,廉洁之人,如出水芙蓉般纤尘不染而流芳百世;廉洁是一把琴,可以弹奏一生的幸福。

廉洁是一种智慧,是莲的智慧,莲花出淤泥而不染,清新秀丽;廉洁是梅的智慧,梅花傲立风雪,一枝独秀。

倘若把幸福人生比作一座大厦,那么身心健康、家庭幸福、事业有成则是支撑这座大厦的三大支柱,而清正廉洁就是托起这三根支柱的基石。

没有德,才就失去了它存在的意义和价值

厚德载物。道德比智慧、知识和能力更为重要。智慧再高,无德就会使智慧失去光芒。知识再多,无德就会使能力害人害己,甚至祸国殃民。没有德,才就失去了它存在的意义和价值。

要秉持为人的品德修养,做人的基本原则。要想在为人处世上做到始终如一,就要自觉地做到在思想上一刻不松,工作上一丝不苟,为人上一腔热情,尽责上一以贯之,要求上一向严格。

淡泊，是一种处世的态度

淡泊是一种自信，一种修养，一种超脱，一种境界。能够淡泊名利，就能平静地对待生活：鲜花掌声不忘形，冷嘲热讽无所谓，得意时不张扬，挫折时不忧伤。

淡泊，是一种处世的态度，坚守淡泊，是用坚韧的意志迎击人生路上的种种诱惑和阻碍，是用微笑面对人生，排除干扰和杂念，昂首阔步走向成功。

居里夫人说："名利是什么呢？你越追它，它越躲着你，你不理它的时候，它却来追你。"不为追求名利而奋斗的人才是高尚的。

金钱之中见品格。人赚钱是为了生活，而活着的目的和意义在于为社会为他人做出奉献。金钱和财富并不是人生追求的唯一目的，应把事业看得高于一切。人在有了一定的金钱和财富后，更能考验一个人的素质和境界。

心态决定人生的高度

心态决定人生的高度。阳光心态是一个人成功的前提，如果抱着积极进取的心态，即使身处逆境，也能在风雨之后迎来彩虹。生活因为热爱而丰富多彩，生命因为阳光心态而瑰丽明快。

一个人豁达，不在于事事顺畅，而在于磨难过后的冷静与坦然，在于身处艰辛时仍拥有一颗善良与高贵的心。

要创造正能量

要创造正能量。正能量，原是天文学上的专用名词，以真空能量为零，能量大于真空的物质能量为正，能量低于真空的物质能量为负。现人们把一切给予人向上和希望、促使人不断追求、让生活变得圆满幸福的动力和感情，都称为正能量。如果我们人人都传递正能量，那我们的社会就会变得积极向上、和谐美好。

高尔基说："当一个人先从自己的内心开始奋斗，他就是一个有价值的人。"人要奋斗，才会对社会有所奉献。

善于发现自己的长处

每个人都有自己的长处与短处，首先要看到自己的优点，同时坦然面对自己的缺点，不因优点而骄傲，也不因缺点而自卑。如果要想别人接纳自己，就要首先自己接纳自己。如果无法改变自己的不足，就去接纳和包容自己的不足。

善于发现自己的长处，才能看到自己的价值，对自己有一个正确的定位；善于发现自己的长处，才能有信心，迎难而上，积极进取。在自己身上寻找自己的发光点，才能充分发挥自己的长处，获得人生的幸福。

智者不锐，慧者不傲，谋者不露，强者不暴。

忠心的人情义无价

"人要忠心，火要空心。"火，要空心方能熊熊燃烧；人，要忠心方能巍巍立身。忠心是人生命中的彩虹，蕴含着感恩之心的美德，孕育着涌泉相报的善良。忠心的人情义无价，大路朝天。

真正的强者

真正的强者，不是通过不择手段地战胜别人而获得胜利的，而是要从别人的身上看到长处，而不断完善自身。自身完善了、强大了，自然就不可战胜。

哲人提出做人的六字诀：

静：少说话，多倾听。

缓：稳着做事，不急不躁。

忍：面对不公，不气愤，不宣泄，忍让是智慧。

让：退一步海阔天空。

淡：一切都看淡些，很多事情会随着时间变成云烟。

平：是平凡，是平淡，是平衡。

人生在世，往往要受许多委屈；而一个人越是成功，他所受的委屈也可能越多。在受委屈时，要学会超然待之，一笑置之，要学会转化势能。

自己善良才能感知世界的美好

自大使人自傲，而缺乏自信会使人自卑；人不能自大，但不能没有自信。自己丰富才能感知世界的丰富，自己好学才能感知世界的新奇，自己善良才能感知世界的美好，自己对世界作出贡献才能感知世界对你价值的认可。

为了自己想过的生活，就要勇于放弃一些东西。若要前行，就得离开你现在停留的地方。

要有强烈的进取心

每一个优秀的人，都有一段沉默的时光。

决定你高度的是你对自己的要求。

财富既可促进幸福，也可导致灾祸，取决于人的精神素质。金钱是对人的精神素质的考验，拥有的财富越多，考验就越严峻。大财富要求大智慧，素质差者往往被大财富所毁。一个人在巨富之后，仍乐于过简朴生活，正证明了灵魂的高贵，能够从精神生活中获得更大的快乐。

要有强烈的进取心，进取心是成功的前提。只有对事业有进取心，才会对事业有兴趣，才能思想开窍，干活漂亮，追求卓越；才能在工作中脚踏实地、任劳任怨，一步一个脚印地朝着预定的目标前进。

要乐其业，对工作有热情、激情，始终保持良好的精神状态，把承受挫折、克服困难当做是对自己人生的挑战和考验，在克服困难、解决问题中提升能力和水平，在履行职责中实现自身的价值，在对事业的执着追求中享受工作带来的愉悦和乐趣。

人要懂得爱惜

人要懂得爱惜。爱惜是对拥有的东西的郑重、用心、专意，别让不该破碎的东西失手破碎。吃饭的时候，爱惜的东西有两样：一是食物，二是吃相。两样就照见自己人品。人有高低贵贱之分，你懂爱惜，你才有高贵的可能。

攀上人生的巅峰

只有不喜不悲的人，才能经得起大喜大悲。也只有无所谓得失，不等待回音的人，才可能攀上人生的巅峰。

所谓大人物，就是一直不断努力的小人物。人只有努力奋斗才能成才，才能成功。

人在成长中，意志会越来越坚定，而心灵会越来越柔软。意志不坚定，无以穿越千难万险；心灵不柔软，难以感知爱和美、慈悲和温暖。若能让意志坚定与心灵的柔软结合起来，就能体会到一种通达的境界。

贝多芬说："卓越人物的一大优点是：在不利与艰难的遭遇里百折不挠。"患难最能考验一个人的品格，只有吃得苦中苦，方为人上人。

信心加上能力就能战胜一切

顺境的美德是节制，逆境的美德是坚韧。顺境往往隐没英才，逆境给人宝贵的磨练机会，逆境展示奇才。

那些垂头的向日葵，大大的花盘上的葵花籽饱满且排列整齐；而那些挺直腰身的，或是没有花盘的，或是谎花没有结籽的。由此可见，真正有收获真正有内涵的，往往都是很低的恣态，只有那些腹内空空华而不实之辈，才会在形态上高高在上。人亦是如此。

信心可以使一个人征服他相信他可以征服的东西。信心加上能力就能战胜一切。信心可以变渺小为伟大，创造奇迹。

> 向前看总是明智的，但要做到高瞻远瞩并非易事。
>
> ——［英］丘吉尔

珍重荣誉，但不要为追求荣誉而工作

美国爱迪生说："荣誉感是一种优良的品质，因而只有那些禀性高尚、积极向上或受过良好教育的人才具备。"人都珍重荣誉，但不要为追求荣誉而工作。当你做成功一件事时，不要等待享受荣誉，而应该再做那些需要做的事。德国歌德说："业绩是一切，荣誉不足道。"

俄国车尔尼雪夫斯基说："既然太阳上也有黑点，人世间的事情就更不可能没有缺陷。"再优秀的人也有缺点，任何人都要自知之明。

人要放在最适合他的位置，才更能显示他的作用。法国的雨果说："金子放在金盘子里，不显得怎么样，然而，把金子放在泥土上，它就立即闪光耀眼。"

讲诚信可以增人气

善读书可以长才气；讲诚信可以增人气；淡名利可以蓄浩气；乐助人可以添豪气；少计较可以养和气；不徇私可以树正气。

有诚信，做人就有价值；一个人如果没有诚信，就没有价值。

英国多莱尔说："一条铁链的坚固程度决定于它的最弱的一个环节。"一个人要加强修养就必须认识自己的弱点，补长自己的短板。

人格是一切价值的根本

一个人的品格可以从他的眼神、笑容、言语、热忱、态度、行为表现出来，更可能在重大时刻表现出来。然而，人的品格是在平时无关重要的时刻形成的。

人的品格是一种内在的力量，它决定人生，比天资更重要，人格是一切价值的根本。

一个人的名声是由品格来决定的。美国林肯说："品格如同树木，名声如同树荫，我们常常考虑的是树荫，却不知树木才是根本。"

品德是人生的准绳。优秀品德可以开启成功之门，收获成功之果。

先学德行，然后再学智慧，凡建功立业，以立品德为始基。

陶行知说："建筑人格长城的基础就是美德。"高尚的美德就是永远为人民服务。

良心是一个人的坚强捍卫者

人要有良心，如果没有良心，哪怕有天大的聪明也不行。高尚的人无论走向何处，身边总有一个坚强的捍卫者——良心。英国丘吉尔说："比海更宏伟的是蓝天，比天更宏伟的是良心。"

做一个有修养的人

要做一个有文化修养的人，就要习惯于从最美好的事物中得到满足，每天阅读佳作、聆听美妙乐曲。俄国车尔尼雪夫斯基说："要使人成为真正有教养的人，必须具备三个品质：渊博的知识、思维的习惯和高尚的情操。"

英国丁尼生说："自重、自觉、自制，此三者可以引至生命的崇高境域。"只有善于控制自己的人，才能成为真正的强者。

善良与品德优秀

俄国列夫·托尔斯泰说："没有单纯、善良和真实，就没有伟大。""生活中的善越多，生活本身的情趣也越多。"善良与品德优秀兼备的人，能给自己和他人带来幸福快乐。

在大智中产生的大勇，才是最坚毅的大勇。勇敢产生于斗争中，勇气是在不断克服困难中养成的。英国丘吉尔说："勇气是人类最重要的一种特质，倘若有了勇气，人类其他的特质自然也就具备了。"

真诚是一种心灵的开放，是人生的最高美德，是一个人得以保持的最高尚的东西。

美国德莱塞说："诚实是人生的命脉，是一切价值的根基。"一个人若失去了诚实，也就失去了一切。

俄罗斯赫尔岑说："生活中最重要的是有礼貌，它比最高的智慧，比一切学识都重要。"人的仪表、衣着的美，固然给人以美感，而人的心灵之美、行为之美给人们的美感更强烈。

做正直的人不容易。法国爱尔维修说："做一个正直的人，就必须把灵魂的高尚与精神的明智结合起来。"

知识微少的人往往骄傲，知识渊博的人则谦逊。不炫耀自己本领的人才是真有本领。

宽恕是一种美德

宽恕是一种美德，只有勇敢的人，才懂得如何宽容。生活中，谅解往往可以产生奇迹，可以挽回感情上的损失。英国的培根说："如果他能原谅宽容别人的冒犯，就证明他的心灵乃是超越了一切伤害的。"

英国布莱克说："我宽恕你，你便原谅我，这是千古不变的道理。"你要求别人宽恕自己的过失，自己首先要宽恕别人。

自尊是一种美德

俄国别林斯基说："自尊心是一个人灵魂中的伟大杠杆。"自尊是一种美德，是促使一个人发展进步的动力。自尊心与自信心是相辅相成的，无论任何人要取得成就，都必须具有自尊心和自信心。

情感与理性平衡才是最美的

美国爱因斯坦说："感情和愿望是人类一切努力和创造的背后动力。"美国杰弗逊说："情感丰富固然是一切美德的源泉，但也是酿成许多灾难的始因。"我们对情感的理解越多，就越能控制感情。情感与理性平衡才是最美的。感情只有在自然的时候才有价值，只有恰如其分的感情，才容易为人们所接受，所珍惜。

热情是发自内心的，来自对自己正在做的事情的真心热爱。热情是一种可贵的动力，没有热情，世界上一切伟大事业都不会成功。但是，正如黎巴嫩纪伯伦说："热情，不小心的时候是一个自焚的火焰。"因此，我们的热情要理智地克制它，智慧地运用它。

礼貌可以赢得一切

俄罗斯赫尔岑说："生活中最重要的是有礼貌，它比最高的智慧、比一切学识都重要。"对人有礼貌就是善意地表示你的真诚。礼貌可以赢得一切。英国培根说："和蔼可亲的态度是永远的介绍信。"

好习惯是开启成功之门的钥匙

人要培养自己的好习惯和毅力。习惯和毅力是相辅相成的，培养习惯是培养毅力的最佳途径。

好习惯是开启成功之门的钥匙。培养好习惯，不但要下决心，更要付之于行动，还要有恒心。

几乎所有的失去都是从害怕失去开始的。凡事都要尽自己的努力，结果顺其自然为好。

道德修养是一种自我行为

有一种因果定律是这样的：你喜欢付出，福就越来越多；你喜欢抱怨，烦恼就越来越多；你喜欢分享，朋友就越来越多；你喜欢生气，疾病就越来越多。

人成熟后，就会把原本看重的东西看轻一点儿，把原本看轻的东西看重一点儿。

道德修养是一种自我行为，根本目的是只求自身完美，不求他人的理解或接受。名利之心的存在，无疑会伤害道德修养，道德修养虽然是一种自我行为，却也不能自我欣赏，更不能自我陶醉。

淡定是金

淡定是金。胸有成竹才能淡定；量力而行才能淡定。淡定是一种境界，人的伟大就在于他的心能装下整个世界。如果我们把所求看得淡些，再淡些，我们将会减少多少烦恼，增加多少淡定。

只有心态阳光的人，才能真正感悟和享受幸福。

真正的强者

一个真正强大的人，不会把太多心思花在取悦和亲附别人上面。只有修炼好了自己的内功，才会有人来亲附。自己是梧桐，凤凰才会来栖；自己是大海，百川才会来归。

真正的强者懂得宽容，弱者从来不懂宽容，宽容是强者的特质。

掌握谦虚的分寸

谦虚是一种美德，但要准确掌握谦虚的分寸。对上的谦逊方式、谦虚内容，与对下的谦逊方式、谦虚态度，不可能一视同仁。其间的差异，有大有小，细微处的分寸把握，是一门复杂的技巧，也是一种智慧。

凡事都不能过度。衣不过暖，食不过饱，住不过奢，行不过富，劳不过累，逸不过安，喜不过欢，怒不过暴，名不过求，利不过贪。

美丽属于自信的人

浅水喧哗，深水沉静，欲成大事，学会沉稳。

美丽属于自信的人，从容属于有备者，成功属于顽强者。

山不解释自己的高度，并不影响它耸立在云端；海不解释自己的深度，并不影响它容纳百川；地不解释自己的厚度，但没有谁能取代它万物之本的地位。做人要低调，用平和的心态看待世间的一切。往往人的低调，是生命的一种拔高。

人要有所敬畏

马在松软的土地上易失蹄，人在甜言蜜语中易摔跤。

人要有所敬畏，才能保持身心有所正，言有所规，内心清明方可养厚重与博大。

真正的强者

谁是真正的强者？星云大师说："一个真正的强者，不是摆平了多少人，而要看他能帮助多少人——能帮助别人，这是德，能帮到别人，这是能，有德、有能的才是强者。"

要拿得起，也要放得下。该放下的不放下，该拿起的不拿起，那都是在和自己过不去。

人们追求的，大多是现在的喜爱，而很少是曾经的拥有。其实，应该十分珍惜拥有的东西。

人越往上走，心应该越往下沉，心里踏实了，脚下的路才能走得安稳。

养心之难在慎独

养心之难在慎独。"慎独"就是真诚地面对自己的内心。有素养的人在别人看不见的地方，也警惕真诚；在别人听不到的地方，也怀有敬畏。

他懂得隐蔽的没有不表现出来的，细微的没有不显示出来的，所以，他会真诚地面对自己的内心，不会自欺欺人。

一个人越谦恭、越低调，越是不可战胜。再高大的人站在那里，终究有人能打倒他的，但没有人能把一个躺在地上的人打倒。

逆境可以让我们变得更加坚强

在顺境中清醒，在逆境中磨砺，在困境中不气馁，快乐时不忘形。

想要真正地改变，你必须改变你的行动，而不是你的态度。

逆境可以让我们变得更加坚强，要逼迫自己走过逆境才能找到自己真正想要的理想。

情商是决定人生成功与否的关键

美国哈佛大学心理学教授丹尼尔·戈尔曼认为："情商是决定人生成功与否的关键。"他把情商概括为以下五个方面内容：（1）认识自身的情绪。（2）妥善管理情绪。（3）自我激励。（4）理解他人情绪。（5）人际关系管理。此外，情商还有三大要素：情感、表达和调控，情商是情愿感表达调控水平。

所以，判断一个人情商的高低，不但要看他有多少、多大、什么类型的情绪、情感，看他是否采用适当的方式、程度来表达，还要看他是否能够自主、从容地调控。一个人如果无法控制自我情感，其后果是严重的。

心态消极的人是先被自己打败，然后才被生活打败；

心态积极的人要先战胜自己，然后才能战胜困难。

心态消极，原来可能的事也变成不可能；而心态积极，原来不可能的事也变成可能。

人要学会驾驭自己的情绪，学会调整自己的心态，心态积极可以造就卓越。

做人处事要讲方圆

做人处事要讲方圆。方是为人之本，是做人应具备的优秀品质。圆，是处事之道，是做事应掌握的一种技巧。办事既要注重原则性，又要注意灵活性，讲究工作方式方法。严于律己要方，宽于待人要严。

人要有正当的、适当的欲望。有了正当的欲望，犹如早春里泛绿的树苗，催促我们不辞辛苦地耕耘。鼠目寸光者总是在自己鼻尖下寻找欲望，而志向高远者总是在人类进步中寻找欲望。

做人要有底线意识。底线是为人、做事的最基本准则、标准、条件和限度。底线就是党纪国法，底线就是道德良知。守住底线就是守住做人的生命线，守住正确的人生观。

做个敬业平凡的人

做个敬业平凡的人，平凡的人就像机器上的一颗螺丝钉，毫不起眼，但发挥着自己应有的作用，实现自己的价值。

真正的平凡是个人价值的发挥对社会产生积极的贡献两者的结合。我们无论干什么，都要兢兢业业，人尽其能，实现自我价值，绽放出自己的光芒。

人的品德是需要长期修炼的

人的品德是需要长期修炼的，就像木头的纹路源自树木中心，逐年增加，品德的成长与发育也需要时间和滋养。

苹果之烂，有两种烂法。一是外部烂，一是核心烂，即芽心烂。外部烂，烂得慢，挖掉烂的部分，其余的还能吃。核心烂，外表看不出，但烂得快，一夜之间可能全部溃烂，即使没烂的部分也变味了。万物一理，人品变坏也是这样。

一个人的节制能力

　　从筷子上的"分寸"，可以看出一个人的节制能力。面对满桌美味佳肴，有的人显得贪婪，狼吞虎咽；而有的人很有节制，再好的东西也不会多吃，适可而止。世上诱惑何其多，要时刻对欲望加以节制，好的东西，不能占为己有，要与人分享。提炼做人的品质，应从一双筷子的节制开始。

　　要经常记住三要素：不要气，不要争，不要急。不要气，做一个豁达乐观的人；不要争，做一个宽容厚道的人；不要急，做一个镇定从容的人。

智慧填补不了忠诚的空白

　　智慧的脑子里，始终装着问题。智慧的花朵常开放在痛苦思索的枝头上。忠诚常常能弥补智慧的缺陷，智慧却远远填补不了忠诚的空白。

　　人，太天真会栽跟斗，而太不天真，就很难走得远。不妨让自己留下点天真，对未来有所相信，有所秉持，有所期待，带着一点点理想化的色彩去做该做的事，这样的人生或许更有趣。

做人有温度

　　世上万物，无温不生；人间万事，无温难和。做人当有温，就是做人有温度，为人有暖意。

　　人要有热情，春天不冷不热，正是适宜；而青春不冷不热，就没有光泽。

　　不要刻意自我表现，也不要刻意淡泊名利；不刻意追逐流行，也不刻意卓尔不群。刻意去找的东西，往往是找不到的。天下万物的来和去，都有它的时间，要顺其自然。

一个人要懂得世故，而自己又不世故，这才是真正善良的成熟。

要有高尚的兴趣和爱好

人要有自己高尚的兴趣和爱好。对自己兴趣爱好的坚持，既是一种健康人生的塑造和人格上的完善，也是对抗衰老的重要手段，你会始终生气勃勃，充满热情。

不论你年龄大小，都要始终抱有希望和好奇心。有希望才有人生动力，有好奇心才会不断学习与探索。这样，你的人生才有意义，生活才会丰富多彩。

品德是人的根本

品德是人的根本。一个人的品德，是要长期修养，不断磨练，才能成为美玉。

人需要自律。放纵毁坏都很容易，而自律通常需要强大的内力。一念之间，却是天壤之别。

有人说，人生必须配备几副眼镜：一是望远镜，看远；二是显微镜，看细；三是放大镜，看透；四是太阳镜，看淡；五是哈哈镜，笑看人生。这话有道理，但关键是要会用，要用得适当。

人贵在自知

人贵在自知。人要认识自己，包括认识自己的情感、气质、能力、水平、优缺点、品德修养和处世方式等，对自己做出较为准确的估量和评价。

人类认识自己不容易，"不识庐山真面目，只缘身在此山中"。要认识自己，首先要跳出自己这座"庐山"，以旁观者的眼光分析和审视自己。其次，应在与别人的客观比较中认识自己。最后，需要在交往中征求别人意见，借鉴良言，不断完善自己。

印度哲学家克里希·那穆提说："如果一个人不认为自己有多么重要，他可以活得非常快乐。"我没有那么重要，并不是要我们自轻自贱，而是不要过分执着于一己的得失、荣誉。要从自我的过分关注上离开一会儿，发展出容纳万事万物的心量。

看淡一些事情

不要把什么事都看得很重，要学会看淡一些事情，这是对自己最好的保护。

凡做什么事，都要认认真真、踏踏实实地做，不要着急，你想要的，岁月都会给你。

南怀瑾先生曾说，上等人有本事没有脾气，中等人有本事也有脾气，末等人没有本事而脾气却大。在现实生活中，往往是越有才华、有能力、有功绩的人越谦虚、越和善；反之，俗者愈俗，自以为是，俗不可耐。

悟透了人生得失的人，把飞来之财、意外之物，看得很淡，把幸福建立在自我创造上。他深知，有时候为了得到更多，而失去了不该失去的东西。只有悟透得失之理，不患得患失，才是快乐之本。

高品位的沉默

真正高尚的人，面对强者不卑不亢，面对弱者平等视人。

拿得起来是本事，放得下才是自在。

人在寂寞的时候有几种状态：一是惶惶不安，百事无心。二是渐渐习惯于寂寞，安心下来，有规律地生活，用读书、写作来驱逐寂寞。三是视寂寞成为一片诗意的土壤、一种创造的契机，进行自我的深邃思考和体验。

静，是韧性的智慧，是一种力量。当遭遇惊涛骇浪、乌云笼罩，焦虑、苦恼非但于事无补，有时还会使事情变得更糟。而恰如其分的静，能让你稳住阵脚，挽回损失。

高品位的沉默，也是一种正能量。沉默是一切高品位行为的出发点。任何美好的行为，都是言行一致、行重于言的，一旦言多行少、言过其实，任何行为都会失去可信度。必须开口的时候，只说真实，且于人、于社会有益的话，也力求简明、精练。

别把自己看得太重，一个人的轻与重、贵与贱，绝不是自己能定下标准的。平静谦和、不张扬，才是最重要的。

我们要体会安静的滋味，懂得安静是一种力量。一个人拥有宁静的身心，等于有了一项丰富的生命财富。

诚实是力量的象征

诚实是力量的象征，它显示着一个人的高度自重和内心的安全感和尊严感。

一个人要有爱心，凡事包容，谦和待人；要虚心，谦虚为人，低调做事；要清心，寻找心灵的平静；要诚心，将心比心，广结善缘；要有信心，有积极的心态；要专心，使人生更有效率；要有耐心，机会总在等待中出现，成功在于坚持；要宽心，凡事都得想得开，放得下，快乐地生活。

俄国列夫·托尔斯泰说："一个人永远不会受到所有人的夸奖。如果他是好人，则坏人会把他看作坏人，并且不是嘲笑他就是指责他。"在现实生活中，即使你做得再好，也会有人不赞同的，因为人总是从自己的角度或利益立场看问题。所以，我们做事只要按自己做人的宗旨，做有益于人们的事，且尽力而为就是了，不要太顾及他人的看法。

人易富而难贵。有钱可称富，如果缺少一种强大的精神力量，缺少尊重他人的高贵心灵，钱再多也只是个土包子。

人要有自制心

　　一个人要有自制心，能控制自我。自制需要拿出自己的实际行动，要从小事做起，若是无法在小事上自制，就不可能在大事上自制。要能抵制盘踞在心中的欲望，不被欲望所左右，成为自己行为的主人。

　　人要胸怀开阔，心境豁达，事大心静，顺谦逆奋。碰到困难要阳光、喜悦，遇到委屈要坦荡、豁达，遭遇坎坷要淡泊、宁静，面临胜利要谦虚、谨慎。

　　人间最美的是淡然。我们要淡泊名利，清淡做人；真诚自然，顺其自然。

　　人，要认识自己。聪明的人知道自己能干什么，不能干什么；知道自己不聪明，不会自作聪明。

　　善读书，养才气；慎言行，养清气；淡名利，养正气；讲责任，养贤气，温处事，养和气；会宽容，养大气。

　　简约是一种美。自然环境回归到原本好的生态时期，对自然环境来说是一种简约；人文环境回到诚实和有信，对人文环境来说是一种简约。这种简约是一种自然美。简约的生活，就要不为物质所累，这种生活是自然美好的。

成功做人做事最重要之道

　　人生要有理想目标、责任心和自制力；待人要诚恳、和蔼、大度；做事要认真、专注、有时间观念。这是成功做人做事最重要之道。

　　一滴墨汁落在一杯清水里，这杯清水立即变色，不能喝了；一滴墨汁融在大海里，大海依然是蔚蓝色的，这是因为大海能包容。

　　做人要简单一些。简单的人看到的世界是澄澈光明的；复杂的人看到的世界是污浊和肮脏。其实，要做复杂的人比较简单，而要做简单的人却不简单。

《论语》上说："仁者乐山，智者乐水。"一个人拥有爱心，淡泊名利，就永远快乐。

柳树有随和柔韧的品格，松树有青春坚强的品格。我们应具备这二者的品格，才能成为强者。

在平凡的事情中有不平凡的想法和做法，才能有所创新。在平凡的事情上表现出的高尚品格更为可贵。

行善积德，幸福多；读书学习，知识多；诚恳助人，朋友多；敬业创新，成果多；乐观知足，快乐多。

有才能有责任心的人，才勇于担当，才能担当。

患难可以试验一个人的品格，非常的境遇方可以显示非常的气节。

有眼界才有境界；有实力才有魅力；有作为才有地位。

人到中年，应该淡定心情，培养爱好，得失随缘，学会承受，沉淀朋友。

人字有二笔，一笔写今天，一笔写明天，第一笔写好了，人字才能写好。只有今天的辛勤耕耘，才有明天的丰硕成果。

善良是人的心灵指南针，我们要做善事。凡你对别人所做的，最终就是对你自己所做的，这是历史的教诲。

一个人的交际能力固然重要，然而，独处能力更为重要。要耐得住寂寞，善于在独处时思考、创作。

乌龟在陆地上跑不过兔子，而在水中兔子永远跑不过乌龟。一个人要放在适合的岗位，才能发挥其作用。

做人要有点筷子精神：一生正直无私，为别人尝尽酸甜苦辣。要成功，就要用点自己的高压锅，压力能缩短通向成功的距离。

要淡泊名利

要淡泊名利，有则珍惜无不强求，金钱是身外之物，适度就好。要淡泊得失，得不狂喜，失之淡然。

要想成为大树，就不要与小草比生长的快慢。做人、做事不要只看一时的快慢，要看持久的发展力。

积极合理的欲求，是进取之基、事功之梯、动力之源；负面非分的欲望，是健康之害、事业之敌、人生之祸。人生需要一把剪刀，合理正确剪裁，方可裁出美丽的生活。

天地万物之理，皆始于从容，而卒于急促。事从容则有余味，人从容则有余年。我们要从容欣赏人生旅途的美景，细心品尝生活的甘甜。

做人，要适时把自己归零

做人，要适时把自己归零。人生像时钟，到了子夜就要从零开始，只有归零，才会有新的周期与辉煌。在顺境成功时，适时归零，防止骄傲，继续努力，超越自我。在逆境挫折时，适时归零，加强信心，重振旗鼓，努力奋斗。

做人要简单，简单是一种人生的智慧。简单做人，应简洁朴素，不能太在意物质上的拥有；要淡泊名利，本真本色。

人，把心放平，就是一泓平静的水；把心放轻，就是一朵自在的云。

独处也是一种能力。人在世上都离不开朋友，但是，最忠实的朋友还是自己。如果你经常读好书、思考、写作、欣赏音乐，拥有丰富的精神生活时，会感觉到有一个更高的自我，是最坚贞的精神密友。

容人乃大，是大气量、大快乐、大自由、大智慧。

做人，要学习水的特质：清净、透明、恒顺、谦逊、包容、调和、坚毅、勇敢、利生、平等。

一个人既要尊重别人，也要尊重自己，他的尊严才是高贵的。

凡事都要有个"度"

凡事都要有个"度"，在生活中必须掌握适度原则。喜怒哀乐不要过度，衣食住行也不要过度，做什么事都要适度，辛弃疾词中"物无美恶，过则为灾"一语，有着深刻含意。

永远都不要把自己看得太重，更不要把自己摆放到太高的位置，那些跌得最重的人，往往都是因为缺少一颗平常心。

要全面地看问题，不但要有自己的见解，而且还要从别人的角度去看，只有这样才能更加客观，更能看清问题的本质。

要正确认识世界，把握世界，而且能以自己的世界去改变别人的世界，这才是真正的强者。

修养的九字经：忍，能养福；忠，能养禄；乐，能养寿；动，能养身；学，能养识；静，能养心；勤，能养财；爱，能养家；诚，能养友。

要做个明智之人，就必须如《史记》中说的，"明者远见于未萌，智者避危于无形。"

包容是一种无形的力量

宽容，能赢得世界。一个人能够宽容别人的胸怀有多大，他赢得的世界就有多大。

包容是一种无形的力量，包容越多，得到越多。一家人，包容越多幸福越多；朋友间，包容越多友谊越长；同事间，包容越多事业越顺。

世界上任何一种东西，都必须依靠另一种东西。我们的生活与幸福，需要依靠多种因素，特别需要学会感恩。

人的心灵是有品级的

人品，是人真正的最高学历，是人能力施展的基础，是成功人生的坚实根基。

有教养的人应该是：守时、谈吐有节、态度和蔼、善于交谈、不自傲、信守诺言、关怀他人、大度、富有同情心。

诸葛亮在《诫子书》中说："非学无以广才，非志无以成学"；"非淡泊无以明志，非宁静无以致远。"

欲不可纵，志不可满。只有节制私欲，永不自满、不断进取的人，才会有所作为。

玉不琢，不成器；人不学，不成才。只有勤奋学习的人，才能成为有用之才。

人的心灵是有品级的，拥有敬畏之心、慈善心、感恩心和宽容心的人，他的心灵品级是高级的。一个人的心灵品级决定他的品格、品质，决定他人生的命运。

你过去接受什么样的教育（家庭、学校、社会），接受什么样的影响，对你的成长起着至关重要的作用。在某种意义上说，你喜欢读什么书，也反映你是一个什么样的人。

如果想把世界看清楚，就让你的心保持纯净。如果想把世界看得开阔，就要让你的心变得宽广。

少一些自我，多一些换位

不要把自己看得过重，少一些自我，多一些换位，才能多一些快乐。

一只骆驼，辛辛苦苦穿过了沙漠。一只苍蝇趴在骆驼背上，一点力气也不花。苍蝇讥笑说："骆驼，谢谢你辛苦把我驮过来。"骆驼看了一眼苍蝇说："你在我身上的时候，我根本就不知道，你走了，也没有必要跟我打招呼，你本就没有什么重量，别把自己看得太重。"做人，不要像苍蝇那样，别把自己看得太重。

不要背后说人，也不要在意被人说。世间没有不被议论的事，也没有不被评说的人。越是出色的人，越容易引起他人的评说。

己之短，不可藏，越藏越短；己之长，不可扬，越扬越少；水深不语，人稳不言，自谦最为可贵。

被误解的时候，坦然待之；得势的时候，淡然待之；失意时候，泰然待之；受挫折的时候，欣然待之；被轻视的时候，超然待之。

一个人言语过多，就会有不可能兑现之言，反而丧失了信用；要想做一个有诚信的人，还是少说话，做到不空言为好。正如老子说："信言不美，美言不信。善者不辩，辩者不善。"

心善，自然美丽

心善，自然美丽；心直，自然诚挚；心慈，自然柔和；心净，自然庄严。以一颗无尘的心，还原生命的本真；以一颗感恩的心，对待生活的所有。

人是有思想的，思想富有才是真正的富有。心境好，一切自然就会好。

安静是一种修养，哲人说："人生最好的境界是丰富的安静。"安静就是活得宁静、简单、丰富、充实。不去考虑名利地位，只考虑自己喜欢的事，做自己喜欢的事，是内心的丰富、精神的充实。

哲人说："你的心态就是你的主人。"在现实生活中，我们不能控制自己的遭遇，却可以控制自己的心态。人与人之间真正的区别在于心态。一个人成功与否，与心态好坏有密切的关系。

心小了，所有的小事就大了；心大了，所有的大事都小了。大其心，容天下之物；虚其心，爱天下之善；平其心，论天下之事；潜其心，观天下之理；定其心，应天下之变。

人要迫着自己成长

人要迫着自己成长，你现在逼自己做不想做的事，是为了将来能尽情地做想做的事。不逼自己一把，你永远不知道自己有多大潜能。

守信，是用钱都买不到的人格魅力。别人信任你，是你在别人心目中存在的价值。失信是人生最大的破产，守信方得人心。

人不能太方，也不能太圆，一个会伤人，一个会让人远离你，所以人要椭圆。

以清静心看世界，以欢喜心过生活，以平常心生情味，淡定从容地过好每一天。

自制力，是一个人控制自己思想感情和举止行为的能力。我们每个人都会遇到这样那样的问题，能否做好的关键在于是否拥有强大的自制力。

做人要谦让，切忌锋芒毕露，要放下身段，人前勿张狂，为人应低调。

看问题要高瞻远瞩，做人要低调处世，做事应留有余地。

凡事要留有余地，《易经》言：事不做尽，势不用尽，话不说尽，福不享尽，凡事在不尽处，意味最长。

当你能够忘记你的过去不快之事，看重你的现在，乐观你的未来时，你就站在了生活的最高处。

当你修炼到足以包容所有生活之不快，专注于自身的责任而不是利益时，你就站在了精神的最高处。

与人谈话时，注意不伤及到任何一个人，不会让周围的人感到不舒服，这是一种修养，让别人舒服的能力，也是一种软实力。

做人难的是节制，而不是释放。无论是物质的释放，还是精神的释放都很容易，难的是节制。为人处事要注意适度，节制要适度，释放更要适度。

对世事的淡定

喜欢学习，智慧就越来越多；喜欢付出，福报就越来越多；喜欢助人，贵人就越来越多；喜欢分享，朋友就越来越多；喜欢知足，快乐就越来越多。

"春有百花秋有月，夏有凉风冬有雪，若无闲事挂心头，便是人间好时节。"这是对世事的淡定。淡定是一种生活态度，一种人生境界。

随和，是一种素质和修养。随和是淡泊名利时的超然。做到随和的人，必定是宽宏大度的人，豁达潇洒的人。

人，活在这个世界上总要有所敬畏，做人要把握分寸，把自己放在社会中，把他人放在心中，为人做事轻重得体。

大气，是做人的气质，是一种纳百川的气概，是一种从容大方、胸有成竹的气量，一种成熟宽厚、宁静和谐的气度。大气的人，对人宽容，对事超脱，对己对人豁达。

人要常常问自己：你拥有什么？为什么感到自豪？你要做什么有益的事？要怎样使生活丰富多彩，幸福快乐？珍惜自己的拥有，为取得的成就而自豪，快乐每一天。

以平静的态度看人生

人的两种力量最有魅力：一种是人格的力量，一种是思想的力量。

人格是做人的品牌。人格如金，纯度越高，品位越高。

做人德为先，待人诚为先，做事勤为先。

做人要有厚度、气度、纯度，对事业要有纯度，对批评要有风度，对朋友要有温度，对是非要有尺度。

欣赏别人是一种境界，善待别人是一种胸怀，关心别人是一种品质，理解别人是一种涵养，帮助别人是一种快乐，学习别人是一种智慧，团结别人是一种能力，借鉴别人是一种收获。

人在社会，时时需要以一个旁观者的身份看问题，以一种平静的态度看人生。平和之人，纵是经历沧海桑田，也能安然无恙。

人要有宽容之德，厚道之品，善良之心。

面对纷繁复杂的世界，我们要学会平静，只有心平静下来，才能品尝到生活的万千滋味。

静是一种品德，是调节人精神的法宝。生活中，静能帮助我们处理好周围的一些事情；静是一种平和，是一种无以伦比的美。

安静是心灵的淡泊

《易经》（也称《周易》）指出：大喜易失言，大怒易失礼，大惊易失态，大哀易失颜，大惧易失节，大思易失爱，大醉易失德，大话易失信，大欲易失命。

安静是丰富的，安静是心灵的淡泊，是灵魂的简素，是内心的欢喜。要像一棵无名的树，不卑不亢，豁达从容，平淡生活，安静自在。

态度决定一切。有什么样的态度，就有什么样的未来。性格决定命运，有怎样的性格，就有怎样的人生。

路是自己走的，要小心点；朋友是相互的，要帮着点；幸福是感知的，要看开点；烦恼是自找的，要健忘点；心态是练就的，要平和点。

要想除掉旷野里的杂草，只有一种方法，那就是种上庄稼。要想心灵不荒芜，唯一的方法就是修养自己的美德。

做人有多大气，就会有多成功。海纳百川，有容乃大。因为胸怀，才是成功者的标志。

有涵养的人

一个人最好的状态就是：随遇而安、遇事不急不躁，该拿主意时能出主意，该放手时放得下；会爱人、关心人，会牵挂人、帮助人；有思想、有理性，很幽默；有学习热情和动力，每天都在进步，但不期待别人夸奖。

涵养是一种发之于内、显之于外的修养。有涵养的人守时，关心别人，谈吐有节，态度和气，语气中肯，注意交谈技巧，不傲慢，信守诚诺，大度，富有同情心，待人诚恳，做事认真。

一个人的气质不是随地位而来的，是胸怀的外衣；魅力不是权财堆砌出来的，是才智的内涵；淡定不是表面伪装出来的，是阅历的沉淀。

做一个低调的人，恬淡从容、温厚、宁静，就像大地，永远把自己置于低处，但没有人否认它的博大；守得住低处的人，收敛、含蓄，就像大海，永远把自己放在低处，但没有人否认它的深邃。

人，贵在自信。在人生的航程中，自信是一种力量。自信是建立在一种正确的自我认识基础上的，是实力、底气和良好心态的一种外在表现。

礼貌和尊重，象征的是境界和修养

一个人成熟与不成熟，就看你能不能站在对方的角度去看待事物，就是能不能把我的世界变成你的世界。

一位总统带着孙子散步，有个乞丐向他鞠躬敬礼，总统马上驻足还礼，而且弯腰更深。孙子不解："他只是个乞丐啊！"总统回答："我绝不允许一个乞丐比总统更有礼貌！"不要以为别人尊敬你是因为你很优秀，其实别人尊敬你，是因为别人很优秀，优秀的人对谁都尊敬。礼貌和尊重，象征的是境界和修养。

心存希望，幸福就会降临你；心存梦想，机遇就会笼罩你；心存真诚，平安就会跟随你；心存善念，阳光就会照耀你；心存美丽，温暖就会围绕你；心存大爱，崇高就会追随你；心存他人，真情就会回报你；心存感恩，贵人就会青睐你。

大其心，容天下之物

一滴墨汁落在一杯清水里，这杯水立即变色，不能喝了；一滴墨汁融在大海里，大海依然是蔚蓝色的大海，为什么？因为两者的肚量不一样。不熟的麦穗直刺刺地向上挺着，成熟的麦穗低垂着头，为什么？因为两者的分量不一样！做人也如此，宽容别人，就是肚量；谦卑自己就是分量，合起来，就是一个人的质量。

一个人的存在，是因为你创造价值；而被淘汰，是因为你失去价值。过去的价值不代表未来，所以，每天都要努力！

明朝一部著名的论述修身、处事、待人、接物的格言集《菜根谭》，其中有"只浑然和气，才是居身之珍"这样一句话，是说只有做到淳朴敦厚、保持和气，才是立身处世中最珍贵的东西。

大其心，容天下之物；虚其心，爱天下之善；平其心，论天下之事；定其心，应天下之变。

"静而后能安，安而后能虑，虑而后能得。"只有坚守做人的操守和道德，才能静心思考，冷静处世，砥砺意志，切实成事。

成熟的人，他的标准来自他的内心

人格、勇气、能力是居人之上者兼备的资质。人格第一，勇气第二，能力第三。

人要有底牌，构筑固若金汤的人生防线，在人生路上，趋利避害，尽显从容，进可攻，退可守。做事要有王牌，打造无坚不摧的成功利器。

一个人要取得好成就，智力固然重要，但比智力重要的是意志，比意志重要的是胸怀，比胸怀重要的是一个人的品德。

契诃夫说："有教养不是吃饭不洒汤，是别人洒汤的时候别去看他。"换句话说，犯过错不是稀奇事，别人犯错的时候别去讥笑他。别去看他，别去讥笑他是一种做人的风范，叫做"厚道"。厚道是河水深层的劲流，它有力量，但表面不起波浪。

人，走上坡路时，往往把自己估计过高，而在不得志时，又往往把自己估计过低。所以，人要正确认识自己，还要学会自我欣赏，才能够拥有一个真正的自我。

一个成熟的人，他的标准来自他的内心，而大多数人都受环境所左右。一个年轻人，进入一所不那么优秀的学校或单位，对自己的标准会不由自主地降低，以适应这个环境，而这种做法对他们的人生也许是致命的。

方圆有度，是处世之道

做人，最要紧的就是把握做人的度，有度制衡，衡而适度，挥洒自如，那就是高人。

做人不可不圆，不圆与人难以相处，处事难于成功。做人又不可太圆，外圆内方，方圆有度，才是处世之道。

能力固然重要，可是比能力更重要的是人品。人品是人能力施展的基础，人品决定态度，态度决定行为，行为决定着最后的结果。所以，人品，是一个人真正的最高学历。

《周易·坤》曰："君子以厚德载物。"厚道是一种建立在明辨是非基础上的包容与宽心。厚道之人，能驾驭自我，驰骋四海；能海纳百川，以德服人。厚道之人，必定心存善念，立身正直，做事严谨。人们都愿意与厚道之人交往，因为他们能让人放心，让人觉得可以信任。

宁静才能致远，平心才能静气，静气才能干事，干事才能成事。涵养静气的过程，就是在追求一种平衡，营造一种和谐，积蓄一种底蕴，成就一种境界。

踏着别人的脚步前进，超越就无从谈起。做回自己，勇于创新是不二的选择。

心存美好，则无可恼之事

水利万物而不争，君子内心高洁，但姿态是谦下的；敏于事而慎于言。

真正的平静是用一颗平和的心态看人间万象，听花开的声音。平静来自内心，勿向外求。

心存美好，则无可恼之事；心存善良，则无恨之人；心若简单，世间的纷扰皆成空。

当你拥有博大的胸怀、崇高的理想，意气风发，斗志昂扬，意志坚定，充满自信时，还要有适度的弹性，适度的退守，适度的淡泊，要有智慧，才会成为大才。

一个人有良好的教养往往表现在细节上：（1）说话得当；（2）谦卑有礼；（3）关心他人；（4）尊重他人；（5）信守承诺；（6）大气；（7）让周围的人感到舒服；（8）发自内心的善良。

凡事都要看开点，看远点，看淡点，心胸要豁达些、大度些。要正确对待得失，大舍大得，小舍小得，不舍不得。

你是世界的因，世界是你的果。善念，开出花朵，结出好果！

做人好，事就会好。一个内心阳光喜悦的人，碰到所有事都会是好事。

有修养的人

修养，是指一个人的品质、道德、气质以及对生命、对生活的感悟等，是一个人经过锻炼和培养达到的内化水平。

有修养的人是一个自律的人、一个宁静的人，一个勇于挑战自我的人，一个具有宽容气度、严谨节操、淡泊名利、有高雅气质的人。

一个好心态，可以使你乐观豁达；可以使你战胜面临的苦难；可以使你淡泊名利，过上真正快乐的生活。积极的心态能帮助我们获取健康、幸福和财富。

人要能做到沉得住气，弯得下腰，抬得起头。沉得住气，就是无论处在低谷还是顶峰，失意或得意之时，都能沉得住气，胜不骄，败不馁。弯得下腰，就是做人要低调谦卑，海纳百川，能屈能伸。抬得起头，就是无论身处逆境还是顺境中，都要保持一种乐观进取的心态，光明正大。

苦而不言，为人收敛；喜而不语，为人谦让。苦能隐忍，喜能内敛，是人生的一种境界。

做人要踏踏实实

不要像气球那样，只要被人一吹，便飘飘然，做人要踏踏实实；要掌握指南针，思想稳定，不受任何东西干扰、诱惑，朝既定目标努力前进。

人高在忍，诸事能忍品自高；人贵在善，积德行善方为贵；人杰在悟，悟透人生则杰。

真正内心强大的人，一定有一颗平静的心，有一副温柔的心肠，有一颗智慧的头脑。

大智者必谦和，大善者必宽容。大才朴实无华，小才华而不实；大成者谦逊平和，小成者不可一世。

聪明人，一味向前看；智慧人，事事向后看；聪明人，是战胜别人的人；智慧人，是战胜自己的人。

要提升自己的气质，做一个有修养的人，就要做到：沉稳、细心、有胆识、大度、讲诚信、能担当、谦逊、友善。

当你看透一切时，心胸就宽宏了，不再斤斤计较，不再自寻烦恼，再苦也能微笑，再难也会唱歌；活得也就会自由自在、幸福快乐了。

最微小的东西也能看出一个人的灵魂

《中庸》一书中说："莫见乎隐，莫显乎微，故君子慎其独也。""慎独"，就是在别人看不见的时候，也能慎重行事；在别人听不见的时候，还依旧保持清醒。最隐蔽的东西往往最能体现一个人的品质，最微小的东西往往最能看出一个人的灵魂。

做人，要有言行合一的情操，说到做到，先做后说；要有心口如一的良知，口中之言皆应出自肺腑；要有始终如一的坦荡，做事贵在于恒，要始终如一不忘初心。

毛主席说过："谦虚使人进步，骄傲使人落后。"无论什么时候，把自己看低一些，总是好事，一方面有利于自己的进步，另一方面有利于与人相处。谦恭之人，人皆爱之。

卓越的人有三条命：性命、生命和使命。它们分别代表着生存、生活和责任。

一个人的聪明多数是天生，得益于遗传；而智慧更多靠修炼。在现实生活中，不吃亏的是聪明人；而能吃亏的是智者。聪明人注重细节；而智者注重整体。科学让人聪明，哲学教人智慧。

以贵为美，以贵为尊

高贵与否不是由经济的差距决定，而在于人的本性。富是物质的拥有，没有精神的高贵，永远成不了高贵的人。精神的财富最能养成性格的高贵，以贵为美，以贵为尊。

量有多大，心有多静；心有多静，福有多深。最深的宁静，来自最宽广、包容的胸怀。福深福浅，在于能看淡多少失去。

人生之苦，在得失间。心胸宽广之人，拿得起，放得下，无意于得失，自然坐怀不乱。

为人处世，要做到能进能退，能软能刚，能大能小，能弱能强，放下架子，降低姿态，是一种谦逊的美德。

心态好，人缘就好，因为懂得宽容；心态好，做事就顺利，因为不拘小节；心态好，生活愉快，因为懂得放下。心态好，一切都好。

人生最大的修养是包容

舍得才能获得，放下才能去烦，忘记才能心宁，宽容才能得众，休息是为了走更长的路。

人生最大的修养是包容；包容是肯定自己，也承认他人；心宽一寸，路宽一丈；心若放宽，时时都是春天；若不是心宽似海，哪有人生的风平浪静！

世界本宁静，浮躁的是人心。让心静，人生便可安暖。乐观的心态能治愈一切。一切都看淡些，很多事情随着时间会变成云烟。

你的习惯决定了你的层次，要拥有自信和风度，养成看书和写作的习惯。要善于发现生活中的真、善、美，与有高尚思想的人交朋友。必须改掉自身的不良习惯，学会忍耐和宽容，保持良好的心态，承担自己肩上的责任。

鹰，不需鼓掌，也在飞翔；深山的野花，没人欣赏，也在芬芳。做事不需人人都理解，只需尽心尽力；做人不需要人人都喜欢，只需坦坦荡荡。

一个人的形象并不是一个简单的穿衣、外表、长相、发型、化妆的组合概念，而是综合的全面素质，一个外表与内在的结合。一个成功的形象，展示给人们的是自信、尊严、力量、能力。

美好的人生从自律来

缺乏约束的自由，不是真正的自由。"自由"不是随心所欲，不是你想做什么就做什么。唯有拥有对事情的掌控能力，以及自律的精神，才能获得真正的自由。

美好的人生从自律来，自律也是一种生活态度和方式。丁尼生说："自尊、自知、自制，只有这三者才能把自己引向最尊贵的王国。"唯有懂得自律的人，才能形成自由行走世界的底气，成就你想要的人生。

人活到极致，一定是素与简。一个人越是炫耀什么，其实其内心越是缺少什么。内心富足的人，从不炫耀自己所拥有的一切。

自然的三宝：阳光、空气、水。人心的三宝：真实、善良、宽容。处世的三宝：谦虚、礼貌、赞叹。

包容的智慧：以和为贵，宽容大度。生活的智慧：灵活应变，从容谨慎。修身的智慧：达观生活，知足常乐。

容，才是智慧；静，才是修养；舍，才是得到；做，才是拥有。

做人应有的境界

做人应有的境界：乱局不看错人，复杂不走错路；无功不受大禄，无能不得大位；常与高人交往，闲与雅人相会；敬业奉献无憾，自己开心无悔。

最高境界的善行，就像水的品性一样，造福万物而不争名利。水，避高趋下是一种谦逊；奔流到海是一种追求；刚柔相济是一种能力；海纳百川是一种大度；滴水穿石是一种毅力；洗涤污淖是一种奉献。我们要学水之善，乐善好施不图回报，淡泊明志谦如水。

心情不是人的全部，却能左右人的全部。心情好，一切都好，好心情其实是一种素养，不抱怨、不失望、不追逐、不计较，保持积极乐观，淡泊名利、豁达大度的好心境。

我们要微笑面对每一个人，每天都要进步一点点，确定目标，该做的事就立即行动，坚持到底。

一个人真正内心的强大，不是去征服什么，而是能够承受什么。内心强大的人不管别人是赞扬还是损毁自己，他都会平静地接纳。内心强大的的人，知道自己该做什么，不该做什么。

心灵美才是真正的美

有时，无言也是一种境界，不争不辩，无言无语，是非对错，过眼云烟；学会无争，才能稳住内心的平静；懂得沉默，才能体验人生的智慧。

从不气别人，自己也不生气，叫真人；不论别人怎么气你，也能淡然处之，叫高人。

伏尔泰说："外表的美只能取悦于人的眼睛，而内在的美却能感染人的灵魂。"所以心灵美才是真正的美。

无论任何时候，任何环境下，都要表里如一，始终如一，这是做人的起码条件。

能耐住寂寞的人，肯定是个有理想的人；遇事能屈能伸的人，肯定是个有胸怀的人；处事从容不迫的人，肯定是淡定的人；经常微笑的人，肯定是乐观的人；看透天下事的人，肯定是有智慧的人。

欲望太强，就会在诱惑面前迷失心智；急功近利，就会缺乏长远目光和毅力恒心。现在的"淡泊""宁静"，正是为了日后的"致远"。

德，决定命运

随和，是一种素质，一种心态。随和绝不是没有原则，随和的人是有素养、聪明、谦虚的人；随和需要有淡泊名利的心境，需要与人为善的品质，需要待人宽容，会真诚地欣赏别人。

世间之事，一念而已。心中若有事事重，心中若无事事轻。淡定之人不负赘，豁达之人不受伤。想开了自然微笑，看透了肯放下。放下了贪念、看淡了得失，才能品尝幸福。

眼睛是心灵的窗口，人品的好坏，都刻在眼里。光明磊落的人，眼里显示出公平和正义。

心情不是人的全部，却能极大程度上左右人。我们常常输给别人的是心情。好的心情其实也是一种素养。人生对好些事其实不必抱怨、不失望、不追逐、不计较。笑看花开是一种好心情，静看花落也是种好境界。

德，决定命运；善，改变人生。

这个世界，最难说服的是我们自己。说服自己才算本事，才能成就事业。

什么叫淡定

有一种美丽叫淡到极致，给生命一个微笑的理由，别让自己的心承载太多的负重；以莲的姿态恬淡，将岁月打磨，成为人生最美的风景。

所谓成熟的人，就是对自己人、对家人、对爱人很温柔，温柔得如同孩子；而对外、对困难则毫无惧意，顶天立地，不慌不忙，淡定从容。

善忘，也一种能力，更是一种智慧。人的记忆如同储存室一样，容量是有限的，只有抛弃一些不重要的东西，才能保存更多精粹有价值的东西。该忘记的东西，一定要尽快忘记。庄子说："知忘是非，心之适也。"

什么叫淡定？面对诱惑毫不动心，面对打击面不改色，纵然困难重重也微笑前进，这就叫淡定。

曾国藩说，成大器的男人必六戒，第一戒：久利之事勿为，众争之地勿往；第二戒：勿以小恶弃人大美，勿以小怨忘人大恩；第三戒：说人之短乃护己之短，夸己之长乃忌人之长；第四戒：利可共而不可独，谋可寡而不可众；第五戒：古今之庸人，皆以一惰字致败，天下古今之才人，皆以一傲字致败；第六戒：凡办大事，以识为主，以才为辅；凡成大事，人谋居半，天意居半。

必须对自己的一切负责

聪明的人，会看透，但不说透。看透是本事，不说透是修养。

大气是一个人做人做事的风范、态度、气质、气度，是一个人综合素质向外散发的一种无形的力量。大气之人，智慧超群，正大光明，光而不耀，从容果断。

一个人的宽容，来自一颗善待他人的心；一个人的涵养，来自一颗尊重他人之心；一个人的修为，来自一颗和善的心。

被人误解时，能微微一笑，是素养；受委曲时，能坦然一笑，是大度；吃亏的时候，能开心一笑，是豁达；危难的时候，泰然一笑，是一种大气；受挫折的时候，欣然一笑，是一种乐观。

人要学会换位思考，大方待人，对人礼貌，赞美他人；要学会适应环境，低调做人，认真做事，遵守时间，信守诺言。

有一个很重要的原则叫"负责原则"，人必须对自己的一切负责。当人对自己采取负责任的态度时，人就会向前看，看自己能做什么，就会做出尽责尽力的努力。

凡事不可太尽

忍得一时风亦静，容得万事心自清。

参透人生，难得糊涂，孔子发现了糊涂，取名中庸；老子发现了糊涂，取名无为；庄子发现了糊涂，取名逍遥；如来发现了糊涂，取名忘我。世界万事唯糊涂最难。凡事不可太尽，有的时候，难得糊涂才是上道。

一个人要拿得起，就要扛得住，要放得下，就需要看得开，这既是能力，也是智慧。

古人云："厚德载物。"人只要有好的德行，就没有承载不了的事；我们要乐于吃亏，多为别人着想，才能成就事业。

无论你走到哪里，无论天气多么坏，记得带上你的阳光。带上自己的阳光，是一种豁达、澄澈透明、洁净无瑕敞亮的心态。带上自己的阳光，照亮自己的心灵。

心静极则智慧生

终生受用的几个字：忍，带来非凡的气度；善，带来优良的品德；乐，带来愉悦的心情；动，带来健康的身体；学，带来知识；静，带来优雅情操；勤，带来财富；爱，带来美好的家庭；诚，带来朋友。

《大学》中说："静而后能安，安而后能虑，虑而后能得。"可以说静是安定、思虑和有所得的基础。静不仅是一种智慧，静还是产生智慧的土壤，正所谓"水静极则形象明，心静极则智慧生"。安静的人，会仔细观察，审时度势，深入思考，获得解决问题的办法，发现生活中的幸福和美！

真正的强者

真正的强者，不仅有一颗对事业追求的不屈不挠之心，还有一颗平常心，因为世界之大，强中自有强中手，每一个人都不可能做到十全十美。

一个人除了智商，更应该拥有情商（EQ）：管理情绪和人际关系；逆商（AQ）：承受失败与挫折；德商（MQ）：健全的道德品质；胆商（DQ）：提升胆量胆识；财商（FQ）：懂得理财；心商（MQ）：保持良好心态；志商

（WQ）坚定意志品质；灵商（SQ）：挖掘灵感；健商（HQ）：健康意识。

微笑，气质会越来越好；适应，处境会越来越顺；理解，知己会越来越多；包容，生活会越来越美；欣赏，人际会越来越广；谦让，肚量会越来越宽；善良，世界会越来越净；感恩，运气会越来越好。

做人要低调，你把自己放在最高处时，实际上你在最低处；你把自己放在最低处时，实际上你在最高处。

人格如金

人格如金，纯度越高，品位越高；做人一辈子，人品做底子。做人德为先，待人诚为先，做事勤为先。做人要有志气，做事要有底气和正气。

当善良成为一种习惯时，美好的品行能为你塑造美好的形象，让你活出生命的意义。

能忍是一种大智慧，百忍成金。忍一时风平浪静，退一步海阔天空。能忍的人有大胸襟，忍中有气量，也有力量。

做个坚持原则的人，能独立思考，作出判断；坚持自己的原则，为人格保驾护航。不要活在别人的评论中，以自己的方式去生活。

一个人心中的空间越大，生长的花朵就会越繁茂。

能随风飞到天上去的，一定是没有什么分量的东西。人要坚持自己的原则，不能随风飘摇。

宽容是人生的一种修养

最诱人处最危险，人要经得住各种诱惑，始终保持清醒、廉洁。

凡事要适宜，宜动，宜静，宜行，宜乐，宜果敢，宜释放，宜温情，宜大度。

水的清澈，并非因为它不含杂质，而是在于它懂得沉淀；心的通透，不是没有杂念，而是在于明白取舍。

宽容是人生的一种修养，既肯定自己也承认他人；是一种善待生活，同时也善待他人的境界。宽容的人能够理解他人之难，补人之短，扬人之长，谅人之过，从而产生强烈的凝聚力和亲和力。

把握好人生的分寸

苦而不言，喜而不语，是人生的一种高境界。一个平凡的人因为平凡的微笑而感动了无数的人。

知识是学出来的，能力是练出来的，境界是修出来的。有的人谈智慧，有的人谈事情，有的人谈是非，情调不同。

万事万物皆有分寸，自然是懂得分寸的，四季有规律地轮回，变换得恰到好处。人，更应该懂得分寸，做人做到恰如其分是最高的境界，把握好人生的分寸，就等于掌握了自己的命运。

树高万丈不忘根，人若辉煌不忘恩！人，不能忘本；心，不能忘恩。知感恩者，得人心；得人心者，受人尊；受人尊者，必有品。

积德无需人见，行善自有天知。行善之人，如春园之草，不见其长，日有所增。

放大自己的格局

做人，要放大自己的格局。大格局，要有大胸襟、大眼界、大追求。

想成为大树就不要和草去比，短期来看，草的生长速度比树快，但过几年后，树可成为大树，而草终是小草。做人做事，重要的不是一时的快慢，而是持久的发展力。

你无法改变风向，可以调整风帆；无法改变世界，可以改变观念；无法改变事情，可以改变心情；无法改变别人的看法，可以改变自己的想法。

要想事情改变，首先自己改变；只有自己改变，才可能改变世界。

健忘是一种病态，善忘是一种智慧。只有抛却琐碎、枝节、不重要的东西，才能保存精粹、主题和有价值的印记。应该忘的东西，一定要尽快忘记。

自胜者强

淡泊以明志，宁静以致远。对人平和，对名平静，对利平淡；始终保持平和之状、平静之态、平淡之心，对身外之物看得透、想得通、放得下，这样的人就会心平气和，幸福快乐。

老子说："知人者智，自知者明，胜人者有力，自胜者强。"一个人，能了解别人，慧眼识人，是聪明人；但能认识自己，了解自己的人，才是真正有智慧的人。能够战胜别人的人，是有力量的勇士，但能够战胜自己的人，才是真正的强者。

以真善美的品味做人

一个人要正确对待自己的长短，己之短，不可藏，越藏越短；己之长，不可扬，越扬越少。

衡量一个人的价值尺度，不仅仅在于他的能力，更在于不为诱惑所动的定力。

善于发现别人的优点，并把它转化为自己人的长处，你就会成为聪明人；善于把握人生的机遇，你就会成为成功者。

人品，是人真正的最高学历，是人能力施展的基础。人品和能力，如同左手和右手，单有能力，没有人品，人将残缺不全。人品决定态度，态度决定行为，行为决定最后的结果。

每个人都是塑造自己的工程师，做人的心量有多大，人生的成就就有多大；以真善美的品味做人，就会有美好的人生。

《周易·坤》曰："君子以厚德载物。"厚道之人，能驾驭自我，驰骋四海；能容纳百川，以德服人；厚道之人，立身正直，做事严谨。

低调做人是一种智慧

要踏实做人，像一颗树，宁静、向光、安然，敏感的神经末梢触着流云和微风，窃窃地欢喜，脚下踩着泥土，很踏实，每一天都在隐蔽成长。

低调做人是一种智慧，山不解释自己的高度，并不影响它耸立云端；海不解释自己的深度，并不影响它容纳百川；地不解释它的厚度，但没有谁能够取代它万物之本的地位。低调做人，就是用平和的心态看待世间的一切。

自己丰富才能感知世界丰富；自己善良才能感知社会美好；自己坦荡才能感受生活喜悦；自己成功，才能感受生命壮观。

真正有品位的人

当你的高贵品质融化到骨子里、血液中时，你的行为就会自觉地、自然地表现出优秀品质和良好习惯。

一个真正有学问的人，往往谦逊，不会逢人就以教育者自居；真正有德行的人，往往慧心，不会逢人就表；真正有智慧的人，往往圆融，不会显山露水；真正有品位的人，往往自然，不会矫揉造作。

《菜根谭》中说："人品做到极处，无有他异，只是本然。"当一个人的品德修养达到崇高境界时，他的言行举止并没有什么特别的地方，只不过将自己纯真朴实的自然精神本质平白表露而已。平平淡淡才是真，品德修养极高的人，其实就是个纯真做人的人。

人，应该懂得分寸，做人做到恰如其分是最高境界；把握好了人生分寸，就等于掌握了自己的命运。做事做到恰到好处，也是人生的一门学问。

做人如水，做事如山

修养是一个人的最佳魅力，托尔斯泰说过，人不是因为美丽而可爱，而是因为可爱而美丽。有修养的人就如一股清风，让自己舒适，也让别人感到舒服。一个人的修养，决定了他的眼界；也决定了他未来是否会成功。

做人要低调，低调是韬光养晦的智慧，才高而不自诩。

做人如水，做事如山；名利如水，事业如山。

虚心竹，有低头叶；傲骨梅，无仰面花。意思是竹子内心谦逊，才向人虚心低头；梅花高傲不屈，从不仰面拍马逢迎。做人也应该如此，上善若水，是最好的选择，便利万物，而又能高能低，能屈能伸，方能顺利长远。

一个人面对生活的酸甜苦辣，要活得粗糙一些，大度一些，宽容一些，释然一些，淡然一些，过得轻轻松松，自自然然。

一个人的成熟

一个人的成熟，就是能控制好自己的情绪，能忍受所有的委屈，能把心放宽，能明辨是非，看透又不说透，凡事不计较，遇事不惊，处事不乱而稳重。

宽容别人就是肚量，谦卑自己就是分量，两者结合起来，就是一个人的质量。

人贵有三品：沉得住气，弯得下腰，抬得起头。沉得住气，是有主见、有独立思考能力的表现。人生旅途，难免有高峰有低谷。如何在登上巅峰时不失静，处于低谷时不失心，面对诱惑时不失清，遇到凶险时不失定，就要沉住气、保持清醒头脑冷静辨别。一个人只有能弯得下腰，认认真真做好平凡的事才有可能做好大事。只有抬起头看清远方的路，才能顺利到达理想的彼岸。

顶天立地做人

梅花是淡定的，冰雪之中，芬芳吐蕊；荷花是淡定的，淤泥之中，亭亭玉立。淡定是一种品格，是一种境界。人生就是一次长跑，输赢得失都是暂时的，从容淡定，张弛有度，才是人生的大智慧。

真正的强者是能胜，而不一定要胜，有谦让别人的胸襟；能赢而不一定要赢，有善解人意的意愿。

聪明不一定有智慧，但智慧一定包括聪明；聪明的人往往得失心重，有智慧的人则勇于舍得。真正的耳聪是能听到心声；真正的目明是能透视心灵。

为人处事，心地善良才是本钱；懂宽容，懂尊重，懂体谅，就是一个人的善。

一个人丢掉什么，也不能丢掉真心、良心；顶天立地做人，无愧于己；光明磊落做事，无悔于人。

心底无事天地宽

做人做事都要实。做人就像一套马车，你装满了货物，就会实实在在，一步一个脚印、不声不响、扎扎实实地往前走；如果你身上没有实在的东西，就只会咋咋唬唬，雷声大雨点小，做不出什么成绩。

老子说："五色令人目盲"，人们很容易在热闹绚丽里丢失自己，想要多一点，再多一点。欲望多了，心就累了。还是简单点好，简简单单的人，心底无事天地宽。

一个人要活得明明白白，知道自己应该做什么，应该怎么做；知进退，该进时进，该退时则退；做事知其然，知其所以然，明白事情背后的道理，看清楚它背后的逻辑，纵然万变也能不离其宗。坦坦荡荡做人，才能活得明明白白。

心若自在，身在顺境；心若不安，就在逆境；心为境动，心随境转；

心境顺逆，在乎一心。

心静才会有所作为

当你看透一切时，心胸就宽宏了，活得就自在，不会在意别人的眼光，能平静地看周围，能坦诚地对朋友，知道身心健康最重要，看淡一切身外之物，与亲爱的人幸福快乐地生活。

无言花自香，淡定人从容。淡定，是人生的最佳境界，是"天地有大美而不言"的无求和自足，是"淡泊以明智，宁静以致远"的超然与平和。淡定的人，眼里装的是世间的风景和生活的美好。

做人，凡事要静，静静地努力，静静地收获，切忌喧哗，保持一颗沉静的心，才能听见自己心灵的呼吸；静水深流，心静才会有所作为。

人要单纯些。单纯，是内心的修炼，心地纯朴，纯粹专注；是一种智慧，化繁为简，看淡得失。

我们要在岁月中修养自己，锐气藏于胸，和气浮于面，才气见于事，义气施于人。做一个自律的人，你有多自律，就有多自由。

人心宽，处处皆是路

俯身去做事，用心去做人，宽阔心怀，豁达人生，坦然生活，修得胸中雅量，蓄得一生幸福。

人心宽，处处皆是路，不是世界选择了你，而是你选择了这个世界；更不是命运给了你怎样一种生活，而是你为自己选择了怎样的生活。

要活得轻松快乐，凡事当拥有的时候，就要好好珍惜，全力付出；而失去的时候，要心平气和，淡然处之。无愧于心就好。

花淡故雅，水淡故真，人淡故纯。做人需淡，淡而久香；淡中真滋味，淡中有真香。

我们不需要强迫自己改变，只要学会从不同角度发现自己的亮点就好。尽力做好自己能做的事，事情就会在你想不到的时候发生改变。

要有良好心态

逆境要稳，稳住局面，再作打算；顺境要定，顺境的人容易飘，不扎实，顺境时更要定住心，只有扎扎实实才能有好的结果；失意时要达，心态上的达观能让山水都换了颜色；得意要淡，要明白健康、亲情、友情的价值远高于功名，高于财富，名利只是点缀。

真正的成熟，是自有分寸。分寸感的本质，是守好自己的本位，不逾越本分，才能将自己的生命力量尽情尽兴地挥洒。分寸的掌握是从生活中历练出来的，掌握分寸的最终目的是自己和他人都达到舒服的状态。

真正有文化的人，应该是有修养，有自觉的自省行为，有善心，做到尽可能为他人着想、帮助他人者。

最好的修养，是尊重他人

一个人最好的修养，是尊重他人；尊重的内涵是平等、价值、人格、修养。懂得尊重他人的人，总是会让人感到舒适温暖。

一个人的心，就是一个人的世界，一个人的一切；眼睛纯净，才能看见美丽的风景；心灵干净，才能拥有纯粹的感情。

人的生命力是在艰难困苦磨练中强大起来的。

大气是一个人的气质或气度，是一个人内心世界的一种外观表现，是一个人综合素质对外散发的一种无形力量，是一种人格魅力。大气的人，谈吐大方得体，处世自然和谐，生活态度平和，不急躁，不懈怠，不该出手时不出手，该出手时果断出手。

在最平常的事情中，也可以显示出一个人的人格；在平凡的事情中，也可以表现一个人的不平凡。

守身如莲，香远益清，厚德载物。

做人做事都要有度

做人做事都要有度。45 度做人，待人谦逊，俯下身子，正视前方，踏踏实实，一步一个脚印地往前走。90 度做事，90 度是垂直的，要求我们做事要公正无私，光明磊落，坦诚做事。180 度为人，180 度是一条直线，要求我们直爽坦率，真诚对待每一个人。360 度处事，360 度是一个圆，代表完美、圆满、成功，要求我们处理事情尽可能做到周到细致，圆满完成每一项任务。

一个人遇事第一反应里藏着他成长过程中所积累的学识、见识、品格和修养。而这个反应也决定了他的生活品质。

一个人的生活质量，由他的觉察力决定。而觉察力就是你能否在事发的一瞬间，管理好自己的情绪，再做出反应。你能否迅速做出正确的反应，将对你的生活产生重大的影响。

真正的宁静，是静守自己内心的世外桃源。如果能拥有一颗淡然安逸之心，拥有一个平和乐观的心态，笑对一切身处之物，便有豁然开朗的好心境。

低调是一种修养

要想除掉旷野里的杂草，最好的方法就是种上庄稼。要想心灵不荒芜，唯一的办法就是修养自己的美德。

静，是调节人的精神的法宝，是一种素养，让我们平静做人，平静做事，拥有高品位的人生。

做人要低调。低调，是韬光养晦的智慧，真正的强者是莫测高深，不显山不露水，默默耕耘，苦心孤诣直到成功，在别人面前表现出的更多是大智若愚、大巧若拙的一面。所以，低调是一种修养，是成就大事的一种方式。

人生无常，心态最重要。事在人为是一种积极的人生态度，顺其自然是一种达观的生存之道，水道渠成是一种高超的人生智慧，淡泊宁静是一种超脱的生活态度。无事时，澄然；有事时，断然；得意时，淡然，淡然于心，自在于世间。

做事先做人

简单，是一种境界，是浅浅的随意和从容，仿佛小桥流水般朴素与自然。拥有一颗平常心，让生活简简单单，握住一缕阳光的时候，便有了阳光般的心态，知足、感恩、达观。

人要有肚量去容忍那些不能改变的事，有勇气去改变那些可能改变的事，有智能去区别上述两类事。

一个人要适应种种心理情境，不仅要赢得漂亮，还要输得起。

德若水之源，才若水之波，做事先做人；人品，是一个人施展能力的基础，所以古人说厚德载物，海纳百川，有容乃大。

做人要终生行善，不要在任何情况下放弃或停止，即使你的善行一时并没有得到赞赏。

心若放宽，时时都是春天

安静，不是让自己脱离现实，而是要在现实中以一种淡定的姿态看清自己的本质。只有认识自己，才能使自己得到更好的提升。真正能够守住内心之宁静者，是能够适应任何环境的人。即使处于喧闹处，他也能稳如泰山地听取内心的声音。

读书养才气，腹有诗书气自华。勤奋养运气，勤奋的人，善于做好各种准备，每当时机来临，定会受益。宽厚养大气，层次越高的人，越是懂得宽厚。淡泊养志气,淡泊以明志,宁静而致远。

一个人心若计较,处处都有怨言;心若放宽,时时都是春天。若是心宽似海,人生便会风平浪静。

雨果有一句名言:"世界上最宽阔的是海洋,比海洋更宽阔的是天空,比天空更宽阔的是人的心灵。"所以说,人生最大的修养是宽容。

第四章　人生的智慧

如何待人？这是人生的智慧。

善待别人

要待人和善，当别人遇到困难时，即使你自己有难处，也要对人体贴、周到、有同情心。

要平等待人，无论他们的社会地位高于你还是低于你。对于那些社会地位高于你的人，可以适当地表示一下尊重，但不要变成一个溜须拍马者。

永远尊重长者，因为年岁即智慧。

不要在别人面前毁谤一个人，那只会显得你不道德。

谦逊地做人

尼采说："谦逊基于力量，高傲基于无能。"我们要谦逊地做人，在人生路上，会碰到各种各样的人，每个人都有独特之处，你并不知道什么人会对你有帮助，什么人会影响你的命运。所以，我们只有一视同仁，对所有人谦逊是安全的。

用真诚的心去对待别人，是一种幸福。当他人在困难或绝望的时候，能想起和相信你会给予帮助，被人相信更是一种幸福。

做人还是低调一点好，低调是一种豁达，更是一种智慧。低调，就是面对种种压力和诱惑表现出一种精神放松，进而达到拼搏而不被虚荣所累，既能融入社会，又能超越社会。苏格拉底说："人要想长立于天地之间，就要懂得低头啊！"

如果你没有显赫的社会人际关系背景，你身上还有一种最为可靠的力量可以信任，那就是忍耐。

当别人冷淡或忽略你，面对别人的轻视和怠慢，你不应回避和退缩，应主动表示友好，放低姿态，露出坦诚的笑容，做好自己该做的事。

要严于律己，宽以待人

世界上根本就不存在任何一个完美的事物。智者再优秀也有缺点，愚者再愚蠢也有优点。对人要多做正面评估，不以放大镜去看缺点，生活中要严于律己，宽以待人。

在人际交往中，要尊重他人的立场和原则，不要把自己的价值标准强加在别人头上。对同一件事，从不同的角度看往往能得出不同的结论。当他人的观点跟自己不一样时，要多从他人的角度想想，也许问题就会迎刃而解。

热情之所以有非凡的力量，因为它能给人激励、给人鼓舞。热情让人生更生动。人们都喜欢和热情的人交往，因为他给人一种向上的精神并创造一种"明亮"的氛围。所以，热情的人能赢得很多朋友。

顺利人生，善于处理关系

顺利人生，善于处理关系；普通人生，只会使用关系；不顺利人生，只会弄僵关系。

千万不要忘记，我们飞翔得越高，我们在那些不能飞翔的人眼中的形象越是渺小。

——［德］尼采

明智大度的人明白与小人斗，你怎么都是输，不如就让他去赢吧。

认识一个人靠机缘，了解一个人靠智慧。

真正的人格魅力

真正的人格魅力是真诚的自我表露。真诚是心灵的开放，当你把自己真实的一面真诚地展示给别人时，你就会赢得信任。要表现自己的真诚，更要有面对不足和敢于承担责任的勇气。

松下幸之助说："信用既是无形的力量，也是无形的财富。"的确，人的一生中有许多财富，信用是最有价值的财富之一，可以为你赢得朋友和机会；信用是帮助你走向成功的阶梯。

奉献不是减法，而是加法。我们的爱给予他人，我们会因此得到更多的爱。我们播撒奉献的种子，它们会让世界变得更温暖。

真诚地赞美

人都渴望被赞赏。赞美是人际交往中最好的润滑剂，赞美既激励了别人，又方便了自己。只要你真诚地赞美，就会给他人自信和乐观，你会发现一个美丽的世界。

对别人的赞美不是吹捧，而是真诚、实事求是地把对方的优点讲出来，讲得恰到好处。赞美的另一种方式是表示羡慕。

英国塞缪尔·约翰逊说："赞扬，像黄金钻石，只因稀少而有价值。"对人的赞扬要真诚与恰如其分，要用使人悦服的方法赞美人。

诚心诚意地帮助他人

通向成功最近的路，就是铺向他人脚下的路。"将欲取之，必先予之"，与人方便，诚心诚意地帮助他人，也是为自己铺一条成功之路。

人家愿意跟你相处的原因无非是：你能够给人家实用价值；跟你相处能打开眼界；你能倾听别人的想法并发表有价值的见解；你能充分认可别人的价值；你能带给人家愉快的心情。

要给别人留有余地

任何时候都要给别人留有余地，不要把人家往悬崖下面逼。应有一颗宽容之心，得饶人处且饶人。真正打败对手不是让其消失或将其逼向绝路，而是让其变成自己的朋友。

大智者必谦和，大善者必宽容。唯有小智者咄咄逼人，小善者才斤斤计较。

对人对事不抱怨

要养成对人对事不抱怨的良好习惯，树立积极热情的正面情绪。人世间一切不合理的、负面的都是这个世界的一个组成部分。人在一生中，不可能处处顺心，处处如意，抱怨无益于问题的解决，反而会更糟糕。

责任的感染力

责任是一种富有感染力的精神。一个人承担起责任，并时刻保持一种高度的责任感，能够让其他人受到感染，树立起自己的责任感。

要宽厚容人

做人要宽厚容人，不过于苛求别人。要善于容忍他人个性上的缺点，也要容人之过。多一分宽容，就会多一个朋友，少一个敌人。

尊重别人

在人与人之间的交往中，自己待人的态度往往决定了别人对你的态度。敬人者，人恒敬之。一个人只有懂得尊重别人，才能赢得别人的尊重。

约翰·杜威说："人类本质里最深层的驱动力就是希望具有重要性。"一个人被他人尊重可以唤起心中的价值感和自豪感，可能成为他上进的动力。所以，在人际交往中有一个极为重要的法则就是时时刻刻让别人感到自己的重要。

尊重别人，最重要的就是尊重他人的人格，每个人都有自己独立的人格，都有被别人尊重的需要。

推崇他人，是赢得别人心仪的基础；奉献爱心，是赢得别人尊敬的前提。

诚信是人际交往的第一准则

人们都渴望诚实与信任。信任是来自于值得信任。你要别人信任你，首先你必须做到诚实，值得人家信任。

诚信是人际交往的第一准则。每个人都喜欢与诚实、守信的人交往，这样双方都会感到安全、快乐。

赞美的神奇力量

每个人都需要赞美，赞美有着令人意想不到的神奇力量。丘吉尔说："要人家有怎样的优点，就怎么赞美他！"赞美有一种内在性的激励，可以激发和保持行动的主动性和积极性。因你的一句赞美，他（她）肯定自我，坚持到底，迈向成功。

人际关系要保持最佳距离

人际关系要保持最佳距离。领导者要驾驭全局，不能不重视上下级之间的距离。太亲近，容易失去驾驭力；太疏远，容易缺少凝聚力。关键在于认清最佳距离，才有双方心灵的默契；在于把握最佳距离，才有双方友谊的长青。

要注意克服社会交往中所产生的心理偏见

在人际关系中有一种叫光环效应，指的是在人际关系过程中所形成的一种夸大了的社会印象。在社会心理学中，由于对人的某一品质或特点有清晰的知觉，印象深刻突出，从而掩盖了对这个人其他品质和特点的印象，这叫光环效应。所以，我们要注意克服社会交往中所产生的心理偏见，避免单凭初始印象，以偏概全所导致的片面性。

首因效应是指人与人第一次交往中给人留下的印象，在对方的头脑中形成并占据着主导地位。所以，我们在与对方交际的时候，一定要注意善用首因效应，让自己取得主动。当然首因效应在社会中只是一种暂时行为，更深层次的交往还需要个人的硬件完备。

宽容大度待人

如果我们以一种宽容大度的方式来对待那些难于相处的人，久而久之，对方也可能会改变他的行为。

一个能够容忍别人缺点的人，必定是心怀宽广、受人尊敬的人，而且也是能够拥有辉煌人生与成就的人。

无论生活还是工作中，敢于承担责任是一种永远不会褪色的光荣。任何人都喜欢与敢于承担责任的人相处、共事和生活。

与人相处，简单的事不争吵，复杂的事不烦恼，发火时不讲话，生气时不决策。

对失意的人莫谈得意事；处得意日莫忘失意时。

唯一值得你议论的人，是那些能够接受别人议论的人。

辨真伪，不上当受骗

当今社会极为复杂，什么样的人都有。要警惕骗子利用你的善良和同情心，假冒是你的朋友遇到困难请求帮助，骗取你的钱财；如果你缺乏警惕，不辨真伪，就会上当受骗。切记！要时刻警惕，遇事多分析，用科学方法辨真伪。

大器能容，容人乃大

关于待人处事，弘一法师主张："临事须替别人想，论人先将自己想；不近人情举足尽是危机，不体物情一生俱成梦境；事当快意处须转，言到快意时须住；任难任之事要有力而无气，处难处之人要有知而无言。"

真正大器皿，不在器形有多大，而在于能容得多。正所谓，大器能容。人也是这样，容人乃大。一个人若是斤斤计较，必然使自己拘于得失，困于得失，眼光流于琐碎和浅近。要襟怀宽广，才能容纳各式各样的人。

微笑服务

世界旅馆大王希尔顿提出了自己的经营理念："为顾客服务时，一定面带微笑。不管多忙多累，记得相互提醒一下：今天你微笑了吗?"正是凭借着微笑服务的经营理念，使他实现了在旅游馆业称霸的梦想。

共赢是合作的最高境界

孙中山在《建国方略》中说："物种以竞争为原则，人类则以互助为原则。"互助，离不开学水，襟怀大一点，敢纳众流，不辞泥水；方向坚一点，不怕山高，不惧壑深。如是，就能互助汇成河、变成江，就可互助成其大、变为强。

在人际关系中，共赢是合作的最高境界。合作要相互包容、相互补充、相互支持、相互帮助、相互有利，这样的合作才会有合作的动力，才能持久共赢。

问话，要有艺术

问号，有时候是表示善意的关怀，会有好的结果；但带责备的问号是最可怕的，其结果就会难于预料。问话，要有艺术，有艺术的问话是尊重别人，是虚心客气，是求人帮助，但不可用责备的口吻、责备的态度。

戴尔·卡耐基说："打动人心的最高明的办法，是跟他谈论他最珍贵的事物。"与人谈话就是要谈论人家喜欢的、关注的话题。

处世的智慧

一个人被人理解是幸运的，但不被理解也未必不幸。一个人的价值不是完全寄托于他人的理解上面的。

有时候，让自己生气的不是别人，也不是不顺遂的环境，而是我们自己。是自己用负面角度或自毁性的想法去对待事情，是自己生自己的气。

"看清看透"是一种能力，"不看破"是一种智慧。郑板桥说的"难得糊涂"正是古人对聪明做人、圆通处世的经验总结。

识人不必探尽，知人不必言尽，责人不必苛尽，敬人不必卑尽，让人不必退尽。

佛教有一句富含人生哲理的话，叫"随缘"。随缘参加，随缘奉献，随缘建功，但是千万不能随便。随缘而不能随便，随便的后果必定是不便。

人的生活不能一天二十四小时都绷紧神经，生活中偶尔也要有轻松的一面，例如与人开个小玩笑。但是，轻松而不能轻浮，轻浮的举动是对人的不尊重。

你可以同别人讨论，但不要争论。十有八九，争论的结果会使双方比以前更相信自己绝对正确。争论中没有胜利者，要是输了，当然你就输了；即使你赢了，实际上你还是输了。

为你的难过而快乐的人，叫敌人。为你的快乐而快乐的人，叫朋友。为你的难过而难过的人，就是那些应该放心里的人。

不要为那些不愿在你身上花费时间的人，浪费你的时间。

朋友就是把你看透了还能喜欢你的人。真正的朋友了解你往往比你自己还要多一点。

适度的请求并接受他人的帮助，可以予人一种施惠于人的满足感与成就感。所以，接受他人赐予小恩惠，得到的不仅是小恩惠，还有他人的好感和亲近。

宽容是人之博大

　　宽容是人之博大、人之崇高，是一种品质、境界，是一种至高无上的美。宽容之心能包容百川，容纳万物。

　　一个仁慈善良的人，在面对财富与亲情的选择时，会毫不犹豫地选择后者。因为和钱挂钩的利益关系难以经受患难的考验，只有人与人之间的亲情和友谊才是长久和永恒的。

　　欣赏别人是一种修养，一种智慧，一种给予，一种沟通与理解，一种信任与祝福。培根说："欣赏者心中有朝霞、露珠和常年盛开的花朵。"学会欣赏并学习别人的优点，能使我们日臻完美。

　　肯于认可他人，是一种美德、一种睿智、一种超越。对他人的认可、赞同、欣赏，对他人是一种鼓舞和力量；对自己是一种快乐。认可他人，亦是在肯定自己。

做人应如此

　　秤砣，无论称量的东西比自己重多少，它从不嫉妒，仍然一丝不苟地履行职责，准确地告诉人们重量；无论秤过的东西有多珍贵，它从不需求得到回报，也不愿沾上一点灰尘。因为它知道，自身有泥巴，秤杆就不平。正因为如此，人们才信任它。它在承认别人的价值的同时，自身的价值也得到了体现。做人亦应如此。

　　人要有爱心，爱就必然包含对他人和世界的责任、使命和担当。

说话的艺术

　　说话的艺术：急事，慢慢说；大事，清楚地说；小事，幽默地说；没把握的事，谨慎地说；没发生的事，不要胡说；做不到的事，别乱说；伤害人的事，不能说；讨厌的事，对事不对人说；开心的事，看场合说；伤心的事，不要见人就说；别人的事，小心地说；自己的事，听听自己的心怎么说。

与人交谈，要多谈人家关心的事、感兴趣的事，或者不知道的事。

别太高估自己

人对自己的评价和对他人的评价，往往是有两套标准的。人很容易自己抬高自己，即使在平心静气的情况下，也会把自己抬到极高的程度。所以，要注意：别太高估自己也别太低估别人，让人家来评估你，可使你更加知道自己。

当你取得辉煌成就时，居功而不自傲，甘当绿叶，自然就会远离非议和嫉妒，赢得拥护，在交往中立于不败之地。

平凡的生命因为爱心而伟大

每个人都需要爱和得到认可，感到他（她）存在的价值所在。每个人都有爱人爱己之心，平凡的生命因为爱心而伟大。用爱己之心去爱他人，生命会变得丰富而伟大，世界也会在爱心中充满和谐。

爱心使人健康，善心使人美丽，真心使人快乐。友情使人宽容，亲情使人温心，爱情使人幸福。

感恩是人们感激社会、感激生活、感谢他人的一种情感；感恩是对他人、对万物的一种尊重。感恩让人们学会储存快乐和积极的信息，记住一切美好的感受。只要心怀一颗感恩之心，生活中处处都是幸福。

人要相互沟通

世上越穷的人往往越爱摆阔；越说"随便"和"怎么都行"的人，往往要求越高。

人要相互沟通，世上许多的烦恼是由沟通不畅所致的。

一滴水对于浩瀚的大海来说，是微不足道的；同样，一个人对整个世界来说，也是微不足道的。人不要把自己看得太重，把自己的位置摆得太高。

友谊，让我们的生活多姿多彩

如果说人生是一池清水，友谊就是水上盛开的白莲。友谊，让我们的生活多姿多彩。

友谊是朋友之间的一种纯洁而美好的感情，它是在长期共同学习、工作、生活中建立起来的相互信任、相互尊重、相互关心、相互帮助的关系。友谊能给人们带来幸福、温暖和力量。

要建立良好的人际关系，就要待人诚恳、胸襟豁达、善于接受别人；学会从他人的角度去考虑问题，善于作出适当的自我牺牲；要掌握与同事交谈的技巧；培养自己多方面的兴趣，以爱好结友；互相交流信息、切磋自己的体会都能融洽人际关系。

世上最难还的是恩情，最难求的是真情，最难得的是友情，最难分的是亲情，最难受的是无情。

保持一颗纯真的心

有的人成天担心别人对他的看法，其实，人们往往只关心他们自己的事，别人没有那么在意你。要把自己的思维、决定和目标都集中在你真正渴望的事物上；当然，你可以希望自己能和别人建立起友好的关系，并且希望能够对他人有所帮助，但是，你需要根据自己的想法力所能及地做。

我们要保持一颗纯真的心。纯真的心是阳光心态，拥有一颗纯真的心，我们就可以感受到别人的爱心和信心，从而也让我们坚定自己的信心。纯真的心是善良美好的，拥有纯真之心的人会积极地看问题，并不断地把快乐和阳光带给周围的人。

微笑就是阳光

雨果说："微笑就是阳光，它能消除人们脸上的冬色。"微笑能使人在痛苦和失望的时候，感受到温暖和希望。微笑是富有感染力的，微笑不仅传递一种乐观积极的态度，也能展示自己的自信，可以显示一个人的思想、性格和感情。

学会感恩

感恩是一种发自内心的生活态度。对生活的感恩，就是善待自己，学会生活。感恩是一种崇高的精神。如果我们学会了感恩，就会懂得宽容，不再抱怨，不再计较；学会感恩，我们便能以一种更积极的态度去回报我们身边的人，会主动去帮助那些需要帮助的人。

感恩是多赢的工作哲学，所有的同事都更愿意帮助那些知恩图报的人，领导也更愿意提拔那些抱有感恩之心的人。当你以一种知恩图报的心情去工作时，你会工作得更愉快，更有效率。

我们的生命中不能没有感恩，每个人的一生都需要无数人的支持与帮助，正是那千千万万不图回报的人，成就了我们生命的精彩。我们要感谢生命中的每一个人。

微笑竞争

有竞争就有合作，激烈的竞争呼唤真诚的合作。互补合作是成功的最好通行证，唯有合作才能实现双赢。

微笑竞争，携手同行，这是双赢的智慧，更是人类和人生至高的境界。

一个人如果没有了对手，他只会是一个平庸、碌碌无为的人。只有有竞争，才会有危机感、才能积极进取，才有发展、才有活力，才能进步。

积累人脉的条件

最能积累人脉的条件是：（1）诚信诚恳，做事认真；（2）能力超强；（3）你的视野广，见识独特，跟你交往有价值；（4）愿意帮助人，不自私。

人生奥妙就在于与人相处，和聪明人在一起，你才会更加睿智；和优秀的人在一起，你才会出类拔萃。

做一个自由的人

什么是自由的精神？美国历史上最有影响的法官比林斯·勒尼德·汉德说："自由精神就是，自我怀疑而不唯我独尊；自由和精神就是，尽力去理解别人的思想；自由精神就是，兼顾别人的利益与自己的利益，不带偏见；自由的精神要求人们牢记，即使是一只坠地的麻雀，也不能对其视而不见……"做一个自由的人，就不能唯我独尊，要多理解别人，兼顾别人的利益，尊重他人的存在。否则，就不会有自由。

对人要宽容大度

对人要宽容大度。所谓容人，就是要谦虚谨慎，博采众长。要心胸开阔，能够听取不同意见，善于集思广益。要懂得多数人的智慧总比一个人高，个人与群众相比是微不足道的，永远是人民的小学生。"谦受益，满招损"，这是自古不变的真理。

常言道，良药苦口利于病，忠言逆耳利于行。然而，在现实生活中，我们却常常碰到逆耳忠言难进耳的情况。自从人类发明了胶囊和糖衣包裹药品后，有些"良药"已经不再苦了。那么，我们为什么不能用悦耳的忠言规劝别人呢？

人与人之间要相互信任

人与人之间要相互信任。信任是可以打开人的心灵之门的一把钥匙。

我们的进步往往离不开敌人。所谓敌人，不过是那些迫使我们变得强大的人。

我们崇尚和谐，要创造内心的和悦，创家庭和睦。人与人之间和为贵，要创社会和睦；争取世界和平。和谐就是最大的幸福。

在竞争中进步

人类在竞争中进步，公平的竞争是有益的。休谟说："高尚的竞争是一切卓越才能的源泉。"

一个人自己进步了，也要使周围的人随着进步，这样的进步更有意义，对社会贡献更大。因为独花胜开不是春，万紫千红才是春。

善于与人合作

具有强烈合作精神的人，善于与人合作，更能取得成功，创造奇迹。

人往往用不同的标准看人看己，以致往往是责人以严，待己以宽。

学会体谅他人并不困难，只要你愿意认真地站在对方的角度和立场看问题。

人和任何事物一样都是发展变化的，古希腊赫拉克利特说："唯有变化是永恒的。"我们不能以固定的眼光看任何人。

英国莎士比亚说："要是您想达到您的目的，您得用温和一点的态度同人家问话。"诚恳谦和待人，别人才会乐于帮助你。

如果你要别人喜欢你或改善你的人际关系，重要的是你要真诚地关心别人。

与人交往要诚恳，也要讲究方法。富兰克林说："当你对一个人说话时，看着他的眼睛；当他对你说话时，看着他的嘴。"

莎士比亚说："信任少数人，不害任何人，爱所有人。"我们应该不害任何人，这是起码的；爱我们应该爱的人，信任值得我们信任的人。

人际关系都是相互的。德国海涅说："人们相互希望得到的越多，想要给予对方的越多……就必定越亲密。"

真正的友谊

真正的友谊是彼此心灵的相通，真诚的相待，美德的结合。友谊是建立在彼此的敬重，互相理解、信任的基础上的。

友谊是一步一步地建立起来的。美国科尔顿说："最牢固的友谊是共患难中结成的，正如生铁只有在烈火中才能锤炼成锅一样。"

友谊是人生珍贵的财富。高尔基说："友谊就是力量。"

真正的朋友是彼此了解、相互信任、精诚相待的人。谁都要有朋友，法国法朗士说："人生无友，恰似生命无太阳。"有知心朋友就是一种幸福。

汪国真说："友情的基础是互惠。商人之间友情的基础是利益上的互惠，挚友之间友情的基础是心灵上的互惠。"建立在利益基础上的友情是不可能持久的，一旦利益链断了，友情也就会结束。罗兰说："君子之交淡如水，真正的友情用不着靠应酬去维持。"对友情的考验，就是永不变的真诚。

要怎样交朋友?

要怎样交朋友? 哲人有许多名言。俄国托尔斯泰说:"过分了解或过分不了解,同样妨碍彼此接近。"

罗兰说:"当你能以豁达光明的心地去宽容别人的错误时,你的朋友自然就多了。"

美国卡耐基说:"最有效的结交朋友的窍门是对别人真心诚意。"

古希腊伯利克里说:"我们结交朋友的方法是给他人以好处,而不是从他人那里得到好处。"

法国勃纳尔说:"朋友在完全平等的基础上相交。"

李惺说:"与朋友交,只取其长,不计其短。"

学会尊重别人

我们要学会尊重别人,尊重一个人,同时也要尊重他所尊重的人。英国霍布斯说:"尊重别人所尊重的人,就是尊重他本人,因为这说明我们赞成他的判断,反之,尊重他的仇敌,则是轻视他。"

希望别人尊重你,首先你要尊重别人。一个永远不会欣赏别人的人,是永远不会被别人欣赏的。

要礼让宽厚

待人要礼让宽厚。处事让一步为高,待人宽一分是福,利人是利己的根基。

下棋需要对手,找个对手容易,可是找一个势均力敌的对手就困难多了。高手遇到高手是一大幸事。高手之间的对弈,是输是赢已经不重要,他们在对决过程中,已经享受到了无穷的乐趣。我们的人生需要棋逢对手，旗鼓相当的对手常常成为你努力拼搏的源泉和动力，促进你一步一步地趋向完美。

人的信誉值千金

连小事都做不好的人，是难于相信他能做好大事的。爱因斯坦说："凡在小事上对真理持轻率态度的人，在大事上也是不足信的。"

人的信誉值千金，既是无形的力量，也是无形的财富。信用是难得易失的，多年积累的信用，往往由于一时一事的言行而丧失，所以，要万分珍惜自己的信誉。

合适的距离产生美

据专家说，如果地球和太阳的距离再近1%，地球就是一个永恒的"火焰山"；如果再远3%，地球就是一个永恒的"广寒宫"。而现在的距离不远不近，恰到好处。所以，不是距离产生美，而是合适的距离产生美。人际关系也是这样，你与不同的人相处，要保持合适的距离，才是美好的。

人们往往把交往看作一种能力，其实独处也是一种能力。如果说不善交际是一种性格的弱点，那么不耐孤独就是一种灵魂的缺陷。

待人谦逊大度

关于交朋友，有一种有趣的说法：两个朋友都很饿，其中一个有一个馒头，他可以有三种态度：自己吃掉馒头；和朋友一人一半分；把馒头全部给朋友。采取第一种态度的人没有朋友，第二种态度的人有很好的朋友，第三种态度的人有终生的朋友。

任何时候都要保持谦逊的态度。人际间的谦虚主要表现在两个方面：一是正确对待自己的成绩和错误，不夸大自己的业绩，知错即改。二是正确对待别人的优点，要真心诚意地彰显别人的善行，由衷地赞美别人的功绩。

改变自己是事半功倍

世上的事情往往是这样，改变别人事倍功半，而改变自己则是事半功倍。你要别人做好，首先你先做好。

"温"是一种生活态度，是一种人际关系的准则：无论做什么事情都要把握好度。对事，讲求适度，做到行为适中；对人，懂得温和谦让，做到心态平和。

人类学家雷·博威斯特发现，在一次谈话中，语言所传递的信息量不足35%，剩下超过65%信息，都是通过非语言交流方式完成的。人们在日常交往活动中，常常不经意间，让身体暴露内心的感觉与想法。

不要固执，不要企图改变他人，不要以自己认定的道德标准去要求他人，学会理解最奇怪的事物，学会随便，随便才能宽容。

与人相处，要学会适应他人，不要奢望他人适应自己。

建立良好的人际关系，重要的是待人真诚

建立良好的人际关系，重要的是待人真诚，互相尊重，遇事多为他人着想，多理解和包容。

友谊就像一座桥，它以忠诚为桥墩，以真挚为桥身，以原则为扶栏。

朋友之美在于诚，社会之美在于公，人性之美在于善。

知音，不需多言，要用心去交流；友谊，不能言表，要用心去品尝。

纪伯伦说："友谊永远是一个甜柔的责任，从来不是一种机会。"我们要时刻想着为朋友做点什么，尽友谊的责任。

诚心对待人和事

古语说："自信者不疑人，人亦信之；自疑者不信人，人亦疑之。"一个人只要拿出真正的诚心对待人和事，坦坦荡荡地活在真正的世间，就会心安理得。

如果你万事不求人，那你的精神就是富有的，不欠任何人的人情债。凡事不求人，自己尽力而为，不论成功失败都心安理得。成功了，便盼今后"更上一层楼"，失败了便吸取经验东山再起。

乐于助人的人，当你请他帮忙时，其内心特别高兴，满脸愉悦。因为帮助别人是一种人生的快乐。有时请人帮一些忙，也会引起心贴心的共鸣。所以，不要总认为请别人帮忙都是给对方添麻烦。给别人帮忙，是一种美德，请别人帮忙往往也是一种美德，人都要互相帮忙的。

误解别人也是曲解自己。我们要以开放的眼光、包容的心态和理性的精神，平心静气地、客观地认识对方，也许更有益于自己和他人。

乐善好施、慷慨解囊、扶危挤困是很好的行善；而给迷失方向的人引路，使他不再迷惘、惊慌，这是明智之举，是行善的高境界。

我们想象一下这个世界上，还有那么多人正在被各种的人生苦难煎熬、折磨，你才能够将心比心，懂得设身处地去理解和帮助别人。

释迦牟尼说，有友四品：有友如花，有友如秤，有友如山，有友如地。何谓如花？好时插头，萎时捐弃，见富贵附，贫贱则弃。何谓如秤？物重头低，物轻则仰，有与则敬，无与则慢。何谓如山？譬如金山，鸟兽集之，毛羽蒙光，贵能荣人，富乐同欢。何谓如地？百谷财宝，一切仰之，施给养护，恩厚不薄。

与人为善

若希望别人成为自己生命中的贵人，前提是你应该与人为善。你付出了真诚，就会得到相应的信任，你献出了爱心就会得到尊重。

有些寡语者并非真的寡语，只是他说话对说出的场合、对象和时机都有自己的要求。此时少言者，在另一个空间可能是一个极爱述说的人。

往往越是看起来极简单的人，越是内心丰盛；而内心空白的人，才要装出一脸世故。

要别人接受你的意见，你首先要与人为善地从人家的利益角度考虑，使他感到你的意见是完全为了他好而乐于接受。

人之相交，贵在知心。要别人了解你，首先自己要去了解别人，了解是相互的事。

善是人的本性，善举贵在不经意间，不是刻意的，不求回报，无需张扬。

微笑是一种无形的力量

微笑是一种无形的力量，微笑能解决许多问题。

有时，采取沉默也是明智的，能避免许多问题。

如果你把周围的人都看成是草，那你就被草包围成了草包；如果你把周围的人都看成宝贝，那你就被宝贝包围成了聚宝盆。人要多看别人的优点，欣赏人家的优点。人是互相尊重的，会尊重别人才能得到别人的尊重。

每个人都有他的生活方式，我们按自己喜欢的生活方式生活就是了；不要要求别人按你的生活方式生活。

与人相处，要多点换位思维，想想如果我处于他的地位，我会怎样？要知己知彼，相互理解。

作家维克托·伯奇说："欢笑是人和人之间最短的距离"。

帮助别人不一定要做什么大事，最重要的是要知道人家需要什么，如果他是食不果腹那送碗鸡汤则胜过送美玉手饰。

大智慧是以胸怀为纵，以眼光为横的经纬天地。大智慧里注满了大德大爱。

把别人的自尊放到第一位

知人不必言尽，责人不必苛尽；才能不必傲尽，锋芒不必露尽；待人处事都要留有余地。

一个成熟宽宏大量的人，会发现可以责怪的人越来越少，因为人人都有他的难处。

真正的朋友，必然是对你由欣赏到钦慕并怀着深厚眷顾的人，必然是不在乎你富贵或贫穷、身处顺境或逆境的人。

我们为自己做的事无法带走，为他人做的事与世长存。

要审人之美，人无完人，要包容、理解别人的不足；欣赏、学习别人的长处。这才是正确的处世之道。

两人结成合作伙伴，就要像一双筷子，是一分为二又二合为一的整体，双方都是正直的，是相互协调配合的。

当你知道别人真不容易时，你就会原谅；当你知道别人的苦衷时，你就会宽容；当你低头看世上大多数人是怎样生活时，你就会知足。

人要有爱心，恨别人，你就永远不会幸福；而爱，你的心灵就会安宁。多一分爱，多一分幸福。

人人都渴望他人的认可，理解就是给人方便，要换位思考，多替别人着想。

要尊重别人，把别人的自尊放到第一位，努力使人感到他的尊严，给弱者的尊重更为可贵。要平等待人，真正的高手好像平平常常，地位越高，越不能轻视别人。

做人要谦逊，不要让别人觉得你高人一等。要含蓄一点，谦虚一点，虚心万事能成，自满十事九空。

渴望别人欣赏之心，人皆有之，要及时肯定别人的长处。

《元史》中说："待人以诚，人亦以诚待我。"正所谓种瓜得瓜，种豆得豆，你对别人怎样，别人就怎样对你。

做人，精一半，让一半；懂得退让，方显大气；知道包容，方显大度。

认识别人是一种智慧

能认识别人是一种智慧，自己被别人认识是一种幸福，能认识自己是一种明智。

话别说得太满，目的是给意外留余地。做人做事不必面面俱到，总会有人不满意你。

认识一个人不容易，要用时间来看人，时间是检验大师。

当别人误解你时，不要努力去解释，要给别人时间和机会去理解。要改变别人的态度，先要改变自己的态度。

山有山的高度，水有水的深度，没有必要攀比，每个人都有自己的长处。风有风的自由，云有云的温柔，没有必要模仿，每个人都有自己的个性。

人之相信信于诚

人与人之间，多一份理解，就会少一些误会；多一份包容，就会少一些纷争；包容越多，得到越多。

人之相惜惜于品，人之相敬敬于德，人之相交交于情，人之相信信于诚，人之相伴伴于爱。

爱人是路，朋友是树；人生只有一条路，一条路上多棵树；幸福的时候别迷路，休息时候浇浇树。

人家为什么会喜欢你？是因为你具有他喜欢的特质，否则，就没有喜欢的理由。喜欢和你在一起，因为你有正能量，充满热情、乐观、积极、向上，还因为你能让人释放正能量。

朋友，越久越真，越平淡越纯，越真诚越久。真正的朋友，是至简至真的，会站在比朋友更亮的一个位置与之相处，不会对朋友有所求。

月以明为贵，人以正为贵，友以诚为贵，心以善为贵，情以真为贵。

人与人的相逢靠缘分，而人与人之间的相交要靠忠诚。以真诚换真诚，越走越近。

什么是人脉

人脉，不是你认识多少人，而是有多少人认识你，关键有多少人认可你。人脉，不是你利用了多少人，而是你帮了多少人。人脉，不是有多少人在面前吹捧你，而是有多少人在背后称赞你，有多少人愿意帮助你。

一个愿意发现你的长处、欣赏你的长处的人，愿意力挺你的人，肯定是你的贵人，因为他相信你。愿意陪你一起渡风雨，分担一切的苦，分享快乐的人，是最可信赖的人。你有愿意处处为你着想的人，那你是很幸福的。

不要势利眼，不要戴着有色眼镜看人，要尊重身边的每一个人；人生处处是考场，考验你的修养。

尊人看本质，敬人看人品。尊人要讲分寸，敬人要适度。

人和人的学识不同，见识不同，修养不同，对事物的看法自然就不一样，处理问题的方式、方法也就不一样，原谅他人，等于把自己放到一定的高度。

人与人之间都应该保持一定的距离

人与人之间都应该保持一定的距离。远远近近自己走，原则是让自己愉快，别人轻松。亲人之间，距离是尊重；爱人之间，距离是美丽；朋友之间，距离是爱护；同事之间，距离是友好；陌生人之间，距离是礼貌。

待人要有平等心，对己要有平常心；宽待别人，就是善待自己。

人的威望不可能一天树立起来，首先是被别人需要，然后是被别人赏识，最后才是被别人赞誉，逐渐树立威望。

要善于理解，理解就是给人方便，理解一般人不能理解的事，换位思考，替别人着想。

有的人，如茶，可以细品；有的人，是树，值得依靠。

对人要多给予

心灵朴素的人真实自然，平和宁静，散淡从容。人际交往中，朴素者能做真朋友；朴素者不势利、不虚伪，这样的交情能经受时间的考验。

要看人长处，帮人难处，记人好处；不要评价别人的好坏，因为他们并不影响你吃饭。

一个人的宽容，来自一颗善待他人的心；一个人的涵养，来自一颗尊重他人的心。

人活着，没有必要凡事都争个明白。水至清则无鱼，人至察则无徒。跟家人争，争赢了，亲情没了；跟爱人争，争赢了，感情淡了；跟朋友争，争赢了，情义没了。

对人要多给予，给尊重，给理解，给信任，给诚信，给谦让，给帮助，给欣赏，给感激。

交友之道

曾国藩交友之道，交八种益友：一要交胜己者；二要交德盛者；三要交趣味者；四要交每事吃亏者；五要交直言者；六要交志趣远大者；七要交惠在当厄者；八要交体谅人者。

用人情做出来的朋友只是暂时的，用人格引出来的朋友才是长久的。丰富自己比取悦他人更有力量，你若盛开，蝴蝶自然来。

每个人都有自己的烦恼，不要把坏情绪传染给别人，自己能解决的事情尽量自己解决，不给别人添堵，这也是一种美德。

成熟的人，把握说话的分寸，看得穿，不说破，顾全了别人的面子，也成全了自己的智慧，就像季羡林先生所说，做人就应该"假话全不说，真话不全说"。

人人都有自尊，个个都有苦衷，想法、做法和活法都不同。理念不同，做法不同，活法也不一样，不必刻意去改变他人，只要自己做好就行。

当你用一个手指指责别人的时候，别忘了总有三个手指指向自己；这叫指责定律。所以，责人要先责己。

善待别人是一种胸怀

善良是不会过期的，你做的善事会发生连锁反应，一直连接的就是一颗善良的心。

《论语》说："躬自厚而薄责于人，则远怨矣。"这话说得好，就是说，干活抢重的，有过失主动承担主要责任，对别人多谅解多宽容，这样就不会互相怨恨。

在人生的路上，我们会遇到很多人，其实有缘才能相聚，只有惜缘才能续缘。一个人心中无缺叫富，被人需要叫贵。

欣赏别人是一种境界，善待别人是一种胸怀，关心别人是一种品质，理解别人是一种涵养，帮助别人是一种快乐，学习别人是一种智慧，团结别人是一种能力，借鉴别人是一种收获。

做人要有厚度、有气度、有纯度，对事业要有浓度。对朋友要有温度，对是非要有尺度。

和人交往，要知道别人的短处与长处，不要用别人的短处来相处和考验，否则友谊就会不长久。

学会欣赏别人

人都渴望得到别人的欣赏，同样，也应该学会欣赏别人。欣赏与被欣赏，是一种互动力量之源，欣赏者要有愉悦之心、仁爱之怀、成人之美的善念；被欣赏者也必发生自尊之心，奋进之力，向上之志。

一个人的宽容，来自一颗善待他人之心；一个人的涵养来自一颗尊重他人之心；一个人的修养来自一颗和善的心。

一个不懂得为亲人让步，为朋友让步，为爱人让步，为合作伙伴让步的人，是缺乏胸襟的人。一个懂爱的人，宁可扮演输家，也不去打败自己爱的人。爱，就要懂得让步。让步，是一种胸襟，一种涵养。

如何让这个世界变得更美好？最好的答案是：把你自己变得更美好。

一生中，你能尊重多少人，就有多少人尊重你。你信任多少人，就有多少人信任你。你能让多少人成功，就有多少人让你成功。

在现实生活中，和什么样的人在一起，就会有什么样的人生。和勤劳的人在一起，你不会懒惰；和积极的人在一起，你不会消沉；与智人同行，你会不同凡响；与高人为伍，你能登上巅峰。

真正的朋友应该是真诚的

我们常说："知己知彼，百战不殆。"而知己知彼，关键在于知己。要先让自己变成不可战胜的，然后等待对方可以被战胜的时候才去战。

解释，永远都是多余的，理解的人不需要，不理解的人没必要。

老子说，金用火试，人用钱试。不用开口就帮你的是贴心朋友；你只要开口就帮你的是好朋友；你开了口就答应帮你，最后却没帮你的是酒肉朋友；还有一种是非但不帮你，还要踩上一脚的，那不是朋友。

朋友之间，越简单越好，有事就联系，没事各忙各的。真正的好友，无需去酒店吃大餐，而是找个小店，随便吃点，彼此之间，少了拘束和礼节，多了一些自然和随便。

朋友，需要的不是数量，而是质量。与有品位、人品好的人相处才能提高自己。

真正的朋友应该是真诚的，懂你，在精神上灵魂上支持你、鼓励你，在你有所不足时指正你。

认识一个人，靠缘分；了解一个人，靠耐心；处好一个人，靠包容。

永远不要试图说服一个带有色眼镜和双重标准看待别人的人，因为人只会相信自己愿意相信的事情。

记住别人的好

朋友之间，记住别人的好，就会拥有更多的朋友。家庭成员亲属之间，记住别人的好，这个家庭一定会其乐融融。如果我们记住别人的好，对别人的缺点宽容一些，时间长了，我们会满眼都是别人的好，心情是愉快的，世界是美好的。

人生的奥妙之处就在与人相处，携手同行。如果你想聪明，那就要和聪明的人在一起，你才会更加睿智；如果你想优秀，那就要和优秀的人在一起，你才会出类拔萃。

人们喜欢和你在一起，不仅因为你有正能量，还因为你能让我们释放正能量。正能量，代表着一种充满阳光的心境，犹如一种磁场，给对方的心灵以强大的吸引力。

有贵人相助，可事半功倍

敢批评你的人才是贵人。真诚的批评是一种爱护，是宝贵的支持，也是珍贵的礼物。

不要在意不在意你的人，不要考虑不考虑你的人，不要担心不担心你的人，不要花时间给不会为你花时间的人。

果断地舍弃我们不想要的、不喜欢的，让生活变得非常简单、纯粹，把精力用来做更重要的事。

一个人的成功，个人努力固然很重要，但如果有幸得到贵人相助，可事半功倍。有感恩之心的人、有事业心的人、大气的人、创新能力强的人、行动能力强的人、开心的人，容易得到贵人的相助。

沟通能力就是发表自己意见的能力和激发他人热忱的能力。善于沟通的人，往往令人尊敬、受人爱戴、被人拥护。

141

一个人聪明一点可以，但不要自以为聪明；宽容一点可以，但宽容不是放纵，再宽容也要有尊严，有辱人格尊严的，决不能宽容。

人与人相处的基本原则

做事要找靠谱的人，他们诚实，能够"一是一、二是二"的做事。太聪明的人难于合作，他们想的是自己的利益大于一切。

人与人之间亲近与否，除了血缘外，还在于是否能交心。

人与人相处的基本原则是：有舍才有得，只有你满足了对方的需求，对方才会满足你。只有在这种平等的交换中，我们才能满足彼此的需求。否则，所谓的人脉关系就难于维持。你优秀，才能获得有用的社交；你不优秀，认识谁都没用。

值得我们深交的人，应该是既能共苦又能同甘，正直真诚，人格独立、内心强大，心有灵犀无需多言的人。鲁迅说："人生得一知己足矣，斯世，当同怀视之。"

人是复杂的，切忌读一回就给人下结论，让自己的思辨成为被风所左右的纸鸢。人是可读的，但需要时间，有的人需要很长的时间。

处理好人际关系，要记住三句话："看人长处，帮人难处，记人好处。"

共同成长，才是生存之道

一根稻草，扔在路上，就是垃圾，与白菜捆在一起就是白菜价，如果与大闸蟹绑在一起，就是大闸蟹的价格。做人也如此，一个人与不一样的人在一起也会出现不一样的价值，正能量的人会影响你一生。

每个人一生都需要有这样的朋友，他有难时，你撑着；你有难时，他撑着。拥有这样的朋友，人生才无惧。

人与人之间，小合作要放下自我，彼此尊重；大合作要放下利益，彼此平衡；一辈子的合作要放下性格，彼此成就。共同成长，才是生存之道。工作如此，友谊如此，事业亦如此。

一个人的某种品质，一旦给人以非常好的印象，在这种印象的影响下，人们对这个人的其他品质也会给予较好的评价，而对他的缺点则容易忽视。

彼此尊重才能达成彼此理解，尊重的起点请学会自尊。

帮助别人成功，本身就是一种成功。

将微笑留给别人

生活总是自我价值的折射，如果我们用欣赏的眼光对人对事，你会更多地发现别人的优点。欣赏别人的优点，我们是快乐的！所以，将微笑留给别人，将快乐留给自己是一种睿智的生活方法。

人是一种群居动物，很容易接受周围人的暗示。古人云："近朱者赤，近墨者黑。"人进步的最好方法就是去接近那些充满正能量的人，因为能量是会传染的。当然，最好自己就是一个充满正能量的人，这样就可以去吸引更多需要正能量的人。

人的存在都是相互的，要想自己存在，就得让别人存在，树砍光了，斧头就没有把了。

人之相惜惜于品，人之相敬敬于德，人之相交交于情，人之相拥拥于礼，人之相信信于诚，人之相伴伴于爱。

要严律己，宽待人，正如曾国藩说："轻财足以聚人，律己足以服人，量宽足以得人，身先足以率人。"

随和，是一种素质

人之间相遇是缘分，千万要珍惜；给别人留一份宽容，一份真诚，一份谅解，一份情义；给自己留一份平和，一份快乐，一份坦然，一份安宁；给彼此留一份想念，留一份美好的回忆。

随和，是一种素质，一种心态。随和是淡泊名利的超然。随和决不是没有原则，而是在坚持原则的基础上，能够以谦和的态度对待对方。随和的人，是宽宏大量的人。

低调是修养，是一种谦虚谨慎的态度，不张扬。低调的人隐藏自己的能力不显示出来，为人沉敛；胸襟开阔，懂得欣赏别人，待人谦和有礼留余地。

生命是相互依存的。我们生活在这个世界上，处处享受着来自各方面的"恩赐"，感恩是一份美好的感情，是一种健康心态，是一种良知，是一种动力。一个懂得感恩并知恩图报的人，才是天底下最富有的人。

做人不可能人人都喜欢，只需坦坦荡荡；做事不可能人人理解，只需尽心尽力。

善待一切

尊人看本质，敬人看人品；尊人有分，敬人有度。

善待天地，那是生活空间；善待父母，那是生命来源；善待家人，那是今生最亲；善待同事，那是工作伙伴；善待恩人，那是困苦救星；善待一切，那是世间美好的东西。

对人最美好的赞美是说你真有趣。有趣，正在作为一种软实力，在生活与工作中发挥着隐形的力量，一个人的幽默往往令人喜欢，它折射的是一个人的良好心态。

好朋友是互相关心、互相爱护、互相帮助、真诚相待的人。好朋友就像星星，你不一定每天都能看见他，但你知道他会一直把你放在心里。

人和人的学识不同，见识不同，修养不同，对事物的看法自然不一样，有矛盾是很正常的。所以要学会理解、原谅别人；但是，原谅别人要有一个宽阔的胸怀，当你原谅了别人，得到释放的不是别人，而是你的心。

要学会真诚地欣赏别人

人都渴望别人的欣赏。我们要学会真诚地欣赏别人，因为人总有他的优点和特点；当你学会真诚地欣赏别人时，也就是你能得到别人的欣赏之日。

人们为什么喜欢你？是因为你有德，对人真诚，为人厚道，心地善良；是因为你有才，跟你相处能打开眼界；是因为你有度量，能倾听别人的看法，并能发表有价值的见解，能带给别人愉快的心情。

世界万物都是相互的，你施于别人，别人会回报于你，你给世界几分爱，世界就会回报你几分爱。

爱出者爱返，种下宽容，收获博爱；种下满足，收获幸福。

一个寓言故事说，狗深深地爱上了狐狸，可是他们却遇到了死神。死神说："你们两个只能活一个，你们猜拳吧，输的就得死。"最后，狐狸输了……狗抱着死去的狐狸说："说好一起出石头的，为什么我出了剪刀，你却出了布。"这就是狐狸自私的结果。在现实世界中，当有些人傻乎乎地想输时，其实他已经赢了，所以，做人需要厚道，善会赢得幸福。

欣赏别人是一种境界

朋友之间需要同频共振。同频共振指的是一处声波在遇到另一处频率相同的声波时，会发生更强烈的声波振荡，而遇到频率不同的声波则不然。人与人之间，如果能主动寻找共鸣点，使自己的"固有频率"与别人的"固有频率"相一致，就能够使人们之间增进友谊，结成朋友。

做人要一半聪明，一半糊涂；把聪明的眼光对向自己，对自己的缺点错误明察秋毫；把糊涂的眼光对向别人，正所谓大智者谦和，大善者宽容。

人间好话，要如海绵遇水牢牢吸住；而对人间是非，要如水泥地般坚固，水过则干。

说话要得体，正所谓一言为重。言重则信重，信重则有大用。

目中有人才有路，心中有爱才有度。一个人的宽容，来自一颗善待他人的心。一个人的涵养与他尊重他人的心密切相关。

友以诚为贵

交一个真诚的朋友，是一种财富；交一个知心朋友，是一种幸福；和一个懂得你的人聊，是一种享受；和一个喜欢你的人聊，是一种快乐；和一个爱你的人聊，是一种幸福。

人以正为贵，友以诚为贵。

有的人对你好，是因为你对他好；有的人对你好，是因为懂得你好。

做人的最高境界，就是抱朴守拙。明明什么都知道，却一副痴呆愚顽的表情。这种人不张扬，不高人一等，平易近人，反而更容易得众人的欢迎。

朋友之间最重要的是真诚，不需要客套，实实在在就好；不需要时刻不离，心里有你就好。

信任如水，一旦浑了，就难以清澈；真情如镜，一旦碎了，就没办法完好如初。

能包容的人是善良人

世界上总有人喜欢你，也有人不喜欢你，而有更多的人处于中立状态。如果我们把注意点放在讨厌你的人身上，那我们就会烦恼不断；但如果我们把关注点放在喜欢你的人身上，那每天就是如沐春风。

当你被人误解时，不说，是一种大度，事情的真假，时间会给你最好的回答。什么事都不要急着辩解，学会说话只要几年，懂得沉默却要几十年。

谁真谁不真，主要看人心，患难见真情；落叶才知秋，患难才知友。

人与人之间的关系总是极为复杂的：离开就断了的，是工作关系；有事才想起的，是利用关系；没事常想着你的，是朋友关系；有快乐会分享的，是患难关系；付出不图回报的，是母子关系；粗茶淡饭相爱相伴的，是夫妻关系。

能包容的人是善良人；能随缘的人是高尚的人；能大度的人是自在的人；能知足的人是聪明人。睿智的人看得透；豁达的人想得开；明智的人放得下；厚德的人重谦和。

心清才可看到人的本质

在友谊的框架内，你第一个想起的人，一定是最好的朋友。当然，他若第一个想起的也是你，那么，你俩一定是两心相悦的至交。

心静才能听到万物的声音；心清才可看到人的本质。

谨慎出言，三思量行。一句话，很轻，也很重；一句话，很普通，也很珍贵，斟酌出言。

合适的鞋，只有脚知道；合适的人，只有心知道，心若相知，无言也默契。

原谅是一种风度，是一种修养，原谅他人等于把自己放在了一定的高度。

对别人的误解，不妨试着置之一笑，给时间一个印证的机会。

交一个真诚的朋友，是一种财富；交一个知心的朋友，是人生的幸运。

原谅一个人是容易的，但再次信任，就没有那么容易。暖一颗心需要很多年，而凉一颗心只要一瞬间。

人的相处都是相互的

人与人最短的距离叫拥抱；人与人最长的距离叫等待；人与人最看不

见的距离叫包容；人与人最可怕的距离叫漠视你的存在。

人与人相处，更多的是需要彼此之间的一份理解，一种信任。

人生一辈子，写自己让别人读，你不让都不行；读别人对照自己，用放大镜看别人的真、善、美，吸取营养，完善自己。

一个人再优秀，也得碰上识货的人；再付出，也得遇到感恩的人；再真诚，也得赶上有心的人；再谦让，也得面对珍惜的人；人的相处都是相互的。

当朋友不麻烦你的时候，可能已经有点疏远了；人其实就是生活在麻烦之中，在麻烦与被麻烦中加深感情，体现价值，这就是生活！

做人要懂得感恩，帮过你的人，一辈子都要铭记在心；暖过你的人，一辈子都要珍惜于心。

待人，别拿自己的尺寸度人。拿自己的"心尺"去度量别人，人人都不够尺寸；拿自己的"心秤"去称量别人，人人都不够份量。

诚心诚意不图回报

有一条不图报原则：你给予的时候永远不期望获得回报，你越不望回报，你的回报可能就越大。我们帮助别人，就要诚心诚意不图回报。

要提高自我价值（包括物质和精神两方面），必须通过提高他人价值间接实现。提高自我价值和提高他人价值往往是同时发生的，即在当你提高别人价值的时候，你的自我价值也会同时得到提高。

读好书，交高人乃是人生两大幸事。一个人身价的高低，是由他周围的朋友决定的。朋友越优秀，意味着你的价值越高，对你的事业帮助越大。

人生的奥妙就在与人相处，携手同行。人生就是这样，想和聪明的人在一起，你就得聪明；想和优秀的人在一起，你就得优秀。

在和平建设年代里，你让别人舒服的程度，决定着你成功的程度。

威廉·詹姆斯说："人性中最深切的心理动机，是被人赏识的渴望。"人们都渴望得到别人的欣赏，同样，每个人都应该学会欣赏别人。其实，欣赏与被欣赏是一种互动的力量之源，欣赏者必具备愉悦之心、仁爱之怀、成人之美的善念，被欣赏者也必发生自尊之心、奋进之力、向上之志。

朋友之道是真诚

对人热情应该是有选择性的，要用在自己喜欢和值得的人身上；当你的热情铺得满世界都是，你的热情便是廉价之物。

要诚恳待人，面带微笑，记住别人的名字，宽待别人，赞赏别人，帮助别人。

人总要发光，发射自己的光，但不要吹灭别人的灯。

与人合作，人品是原则，这是第一位的；态度是根本，这是第二位的；能力是基础，这是第三位的。

有时候，不是所有事情都需要说清楚，比说清楚更重要的是：能承担，能行动，能化解，能扭转，能改变，能想自己，更能想别人。

为人之道是宽容，宽容之后是展露了自己的笑容，赢得了别人的尊重。朋友之道是真诚，真诚之后会是暖心的友情，相携的永恒。

让人舒服，是顶级的人格魅力，和这样的人在一起，就像听一曲舒缓的音乐。让人舒服的人，他的魅力来自丰富、内敛、温情、善良，由内而外散发出一种高贵。

世间万物都是相互的

我们都有优点，彼此欣赏一点；我们都有缺点，彼此包容一点；我们都有困难，彼此帮助点；我们都有快乐，彼此分享一点。

世间万物都是相互的，你给世界几分爱，世界就会回你几分爱；你施于别人，别人就会回敬于你；若想被人尊重，先要尊重别人，若想被人欣赏，先会欣赏别人。

人品好的定义很简单，就是要善待周围的人。善待别人是一种胸怀；关心别人是一种品质；理解别人是一种涵养；帮助别人是一种快乐。

世界之大，人海茫茫，能走在一起真是一种缘分，所以，要好好珍惜身边的朋友，真诚相待自己的朋友。

在小溪里，鱼常常感觉自己很大，到了大海才知道其实自己很渺小。

包容，是一种修养

岁月若水，走才知深浅；时光如歌，唱过方品心音。爱情因珍惜而美好；友情因真诚而长久；亲情因相依而温暖。

微笑不用花一分钱，却永远价值连城。人之真诚，并非话语，而是纯洁；心灵纯洁，不语也真，不诉也纯。

人与人之间，语言并不是唯一的沟通方式。一个善意的眼神，一个阳光的微笑，一个谦让的动作，也能让人心生暖意。

一个人的心胸容得下多少人，就能赢得多少人心；心胸宽广，才能成就事业，才会有平和愉悦的人生。

喜欢分享，朋友就越来越多。

包容，是一种修养，能察人之难，补人之短，扬人之长，谅人之过，记人之好。

容人才能得人心

赞美不用花钱，但能产生力量；分享不用费用，但能倍增快乐！

能容人，常人、能人、有功之人，均一视同仁，以诚相待。容人才能得人心，容人者方能为他人所容。

舍得笑，得到的是友谊；舍得宽容，得到的是大气；舍得诚实，得到的是朋友。

万物存在即合理。你不能苛求别人同意你的观点，每个人都有自己的性格和观点。人不要把自己看得太重，要少一些自我，多一些换位，包容越多，得到越多。

微笑是世界上最美丽的表情，给失意者一个微笑，那是鼓励；给快乐者一个微笑，那是分享。

通过一个人的爱好，能看出这个人的品质。一个人地位高了，要看他推荐什么人，提拔什么样的人，他就是什么样的人。

心态好，人缘就好

人与人之间，从心到心有多远？看信任的程度。

世上珍贵的不是金钱，是感情；最宽广的不是大海，而是人心。

与人相处，要总想着帮谁，念谁，维护谁。事在人为，情靠人建。能为别人着想的人，能为别人付出的人，定会得到快乐。

诚恳待人，要看人长处，帮人难处，记人好处。

心态好，人缘就好，因为懂得宽容。心态好的人，处处圆融，处处圆满。

会感恩是一种优秀品质，是一种良好的道德情操，是生活中的大智慧，也是热爱生活的一种方式，他来自对生活的热爱和希望。有了感恩之情，生命就会得到滋润，并时时闪烁着纯净的光芒。

大自然的三宝：阳光、空气和水；人心有三宝：真实、善良和宽容；处世也有三宝：谦虚、礼貌、赞叹；交友也有三宝：诚信、正直、奉献。

想别人欣赏你，先要学会做人

待人，有同情心才能利人，有体谅心才能容人，有艰难心才能助人，有明智心才能观人，有包容心才能处人。

对人要尊重，尊重的内涵是平等、价值、人格、修养。尊重是一种平等，不俯视、不仰望，不卑也不亢。尊重别人，就是尊重自己；尊重重于泰山。

你想别人欣赏你，先要学会做人。

俗话说，熟悉的地方没有风景，距离产生美，其实就是彼此尊重；人与人之间都应该保持一定的距离，远远近近自己定，原则是让自己愉快别人轻松。

有一句经典的话，当你紧握双手，里面什么都没有；当你打开双手，世界就在你手中。舍与得是相互的，舍得宽容，得到的是大气；舍得真诚，得到的是朋友。放得下，才能走得远！

宽容是生命中的能力

世事纷繁，诱惑太多，淡泊名利，处世需浅，但做人，则贵在"深"字。情之可贵，在于"深"；唯有深交的知己与亲人，才是生命中难于割舍的。

水不试，不知深浅；人不交不知好坏。时间是个好东西，验证了人心，见证了人性。人之间，短期交往看脾气，长期交往看德行，一生交往看人品。

人的一生会遇到不顺心的事，会碰到不顺眼的人，如果你不学会宽容就会活得很痛苦，活得很寂寞。宽容是生命中的能力，因为它像天空一样，晴空万里时，它会让你喜欢，乌云密布时，它也会使你刚强。

对人要尊重、平等、包容、诚恳、热情，这是待人应有的态度。

人的一生面临许多选择，选择朋友，只是彼此选择友好；择真善人而交，择真君子而处。交友需真诚，对事需轻淡，处事需独立。

人若辉煌不忘恩

爱出者爱返，福往者福返，善良终会回到你身边；在你的善良里会藏着你的"贵人"，当你陷入困境时，总会有人善良地帮助你。

　　与人交往，始于颜值，敬于才华，合于性格，久于善良，终于人品。总之，欣赏一个人主要是欣赏他的人品。

　　在这个如林的世界里，永远不缺少各式各样的人，可唯独有趣的人是难遇到的。有趣的人，是懂你的人、是思维和你在一个频道的人；有趣的人，是真诚的人；有趣的人，是能让你开阔眼界、会让你更加热爱生活的人；有趣的人，就像太阳，自己就能散发出光芒。如果遇到这样的人，就一定要珍惜。

　　树高万丈不忘根，人若辉煌不忘恩！要永远记得感谢爱你、助你、对你有恩的人。

丰富自己，比取悦别人更有力量

　　不要刻意交什么样的朋友，只要努力提升自己的修养与能力，待到时机成熟时，你就会有许多朋友与你同行。丰富自己，比取悦别人更有力量。

　　最美好的事，是看到某人的微笑；而更美好的事，是他因你而微笑，并且因你的微笑而感到世界更加灿烂。

　　有人需要帮助时，如果一个人能在别人不知情的情况下，毫不犹豫牺牲自己的利益，哪怕牺牲的只是一点点，也是难能可贵的。与这种人合作一定会获得成功。

　　真诚和善良是世上无价的东西，发自内心对别人尊重的人，自然也会获得人们的尊重。

　　"舒"字："舍"得给"予"他人，自己才能舒心。

多一份理解，就会多一份美好

　　和人交往，要善于发现别人的长处，善待别人的短处，千万不要用别人的短处来相处；这样，友谊才能长久。

每个人都渴望被理解，理解是什么？是一个眼神，一句话，一次握手？其实，是心与心的懂得和谅解。理解是相互的，只有你首先去理解别人，才能被别人理解。多一份理解，就会多一份美好，理解是幸福的基石。

随和是一种素质，是淡泊名利的超然；随和的人，一定是宽宏大量和谦虚的人。

时间，带不走真正的朋友；有心的人，不管你在与不在，都会惦念。真正的朋友无关利益，无关职位高低，无关贵贱，没有时空相隔，只有心灵的默契。真正的朋友，是君子之交淡如水，平平淡淡才是真。

只要从不同角度看待否定自己和他人的话语，世界就可能会骤然改变。

做人，让别人舒服

不管你多么单纯，遇到复杂的人，就认为你有心计；不管你多么专业，遇到不懂的人，你就是空白。所以，别在乎别人的评价，懂你的，不用解释；不懂你的，不需要解释，重要的是做好自己。

左右逢迎的人，需要周旋于各种复杂的人和环境，于是把自己变得很复杂，人，一旦复杂，就容易疲惫。低调的人，只需静对自我的世界就好了，所以，活得很简单，人一简单，就会变得很快乐。复杂永远拼不过简单。

活着，让自己高兴；做人，让别人舒服；为人处事，以遇事都让一步的态度；待人接物，以宽厚态度对人。

遇见不论早晚，真心才能相伴；朋友不论远近，懂得才有温暖；平淡中的相处，才最珍贵。时间，会沉淀最真的情感；风雨，会考验最暖的陪伴。

帮助别人的最高境界

人的时间宝贵，要缩小朋友圈，把时间留给真正关心你的人、感情真诚的人、做事实在的人、能对你有所教益的人。

一个真正强大的人，不会把太多的心思花在取悦别人上面。如果你是大海，百川定会来汇聚。

为什么有人喜欢你？是因为你有德，对人真诚；是因为你有料，跟你相处能打开眼界，放大格局；是因为你有用，能给别人带来价值；是因为你有容，会充分认可别人的价值，欣赏别人的特色；是因为你有趣，能给别人带来正能量和愉快的心情。

帮助别人，最高境界不是给予而是引路，帮别人找到一条光明、灿烂的路子，使被帮助的人得到人格尊严与力量。

世间一切，都是相遇；春遇见冬，有了岁月；人遇见人，有了生命；我遇见你，有了朋友。

待人要谦虚、谦恭、谦和

待人要谦虚、谦恭、谦和；谦虚让他人敬佩，谦恭让他人高兴，谦和让他人感动。

人们喜欢和你在一起，不仅因为你有正能量，还因为你能让大家释放正能量。正能量代表一种充满阳光的心境，可以自带光芒，就如一种磁场，给对方的心灵以强大的吸引力。

人心如路，越计较越窄；越宽容，越宽。宽容，貌似是让别人，实际是给自己的心开拓道路。

能够发现自己的优点，是聪；能够发现别人的优点，是明；能够学习别人的优点，是智；能够利用别人的优点，是慧。聪明、智慧是做事之必需。

人与人交往，不必太精明，小事糊涂，关系才会更融洽。在职场上，留点机会给下属或同事，让他们有发光的机会，团队才会越来越强大。

微笑，是自己最好的阳光

最好的相处是欣赏彼此的好，懂得彼此的苦。老子说，知人者智。能知晓他人的难处，并适时伸出援助之手的人是智慧的。

待人，表里如一，真诚相待，诚信为本。

当事业成功的时候，把智慧舍得出去，喜悦就来了，这叫德行天下。

微笑，是自己最好的阳光，是一种快乐的分享，是一种无言的温暖，会使人间充满无尽的爱心和美好。当你微笑面对一切时，世界也在对你微笑。

善良，是心灵的指南针，让我们永不迷失方向，凡你对别人所做的，其实就是对自己做的。不管你对别人做了什么，那个真正接受的人，并不是别人，而是你自己。所以，凡是你希望得到的，你必须先让别人得到。

包容是最美的修养

这世界总是因千差万别而精彩，人生总是以千差万别而神奇。人，只有找到与自己人格相似的灵魂，彼此才能达成生命互需的结合；同时，也只有在两种不同的思想相互碰撞的时候，人性的差异才会显露出来，人性的修养才会体现出来。所以包容是最美的修养。

欣赏一个人，通常始于颜值，关注人的气质神采；敬于才华；合于性格，正所谓"同声相应，同气相求"；久于善良，只有善良才有长久的影响力；终于人品，人格如金，纯度越高，品位越高。

心，真不真，时间会给你答案；友，诚不诚，时间会帮你分清。真正的朋友，会在你有难的时候，伸出援助之手。只有你对人付出了真心，才能取得别人的信任。

现实生活中，往往有这样的情况，你对他十次好，也许他忘记了，只要有一次不顺心，也许会抹杀所有。正所谓"10-1=0"的奇怪道理，对此，需要我们认真分析，正确对待。

社会学家研究发现，无论你圈子多大，真正影响你、驱动你、左右你的，通常也就身边那八九个人，甚至四五个人。所以，我们不要把时间花在取悦那些无关紧要的人，应该把大部分时间和精力，倾注在重要的美好的事物上。

有修养的人，不会自以为只有自己正确、高级，他会尊重别人的选择与努力，给他人支持和帮助。

人与人是相互的，你付出了真诚，就会得到相应的信任，你献出了爱心，也一定会得到相应的回报。

要让人把话说完，好话、坏话、刺耳话都要听得进去，这是大度、是谦恭、也是有力量的表现。容言，要有勇气、有耐心、有智慧，还要有气量。容言，才能广开言路，集思广益。

第五章　人生的力量

善于学习，不断增长聪明才智，这是人生的力量源泉。

人的智慧

人的智慧是有层次的，有学者分为五个层次：

智慧的第一个层次就是博闻强记，知识丰富。

智慧的第二个层次是触类旁通、融会贯通、举一反三。

智慧的第三个层次，要有一定的整体把握、多谋善断的决策能力。

智慧的第四个层次，要有多向思维和重组的智慧。

智慧的最高层次，是充分发挥想象力和创造力。创造力就是创造、创新、创意，就是不断有新的东西。

孔子治学"三境界"

孔子治学"三境界"，即《论语》开篇那三句话。

第一境界，"学而时习之，不亦说乎"，即能够感受辛勤学习、温故知新之乐。热爱学习、以学习为乐，是最起码的境界。

第二境界，"有朋自远方来，不亦乐乎"，即能够感受朋友之间切磋批评之乐。是否真心欢迎批评，尤其是有了一定成就之后能否继续真心欢迎批评，是治学的第二境界。

第三境界，"人不知而不愠，不亦君子乎"，即能够感受只问耕耘不问收获之乐。如何对待"人不知"，实质上是一个如何对待名誉、地位、利益、实惠的问题。真正的知识分子，绝不会一天到晚揣摩如何出名牟利，如何升官发财。

人不可能无所不知

人不可能无所不知。每个人其实都是无知者，只是无知的方面有别罢了。

> 人永远是要学习的，死的时候，才是毕业的时候。
>
> ——萧楚女

在人的一生中，要持续不断地学习。学习始于生命之初，终于生命之末。只有做到终身学习的人，才能不断获得新信息、新机遇，才能不断获得高能力、高素质，才能不断走向成功。终身学习是新时代的生存方式。比终身学习更进一步，应当是终身学习化，使学习完完全全地融入生活，融入工作，做到生活学习化，工作学习化，也就是人生学习化。

善于学习

善于学习的人知道怎样从已知引出未知。提高学习能力关键在于懂得如何学习，学会创造性学习、高效学习，要在"全时间""全环境"中因时、因地、因事、因变地进行学习创新，从而更高效地实现自己的目标。

能力比知识更重要，只有善于把你的知识用于你的需要，知识才有用处。学习的本质就是培养人的思维能力和创造力。只有通过学习，掌握了这些能力，才能让我们更加卓越。

追求真理

任何时候，无论什么情况下，都要始终以真理为友。真理是把火，可以照亮整个世界，真理是推动人类进步的力量。

巴尔扎克说："打开一切科学的钥匙都毫无异议的是问号，我们大部分的伟大发现应归功于'如何'，而生活的智慧大概就在于逢事都问个'为什么'。"我们要追求真理就要向你未知的事物进军，真理往往就在未知事物的背后。工作的最高境界是不断创造、时时创新。创造就是对未知的认识和对已知的改造。

西方著名学者罗素认为，中国人如果能一方面保存文雅、谦让、正直、和气等特性，同时把西方科学知识应用到中国的实际问题中，中国就可以发展出"一种较世界上任何文化都更加优秀的文化"。

会读书

会读书的人读书是在别人思想的帮助下，建立起自己的思想。

知识不过是潜在的力量，只有将它组织成明确的行动计划，并指引它朝着某个明确目的发挥作用的时候，知识才是力量。

——［美］拿破仑·希尔

做聪明人

苏沃洛夫说："蠢才的特征是高傲，庸才的特征是卑鄙，真正品学兼优的人的特征是情操高尚而态度谦虚。"聪明的人知道自己愚笨，而愚笨的人总以为自己聪明。愚蠢和骄傲是一棵树上的两个果，聪明人能自己从树上摘掉这两个恶果。

人最可怕的不是不知道自己的缺点是什么，而是不知道自己的潜能有多大。

要善于思考

柯勒律治说："生命在于思考。"人类最有力的武器就是思考。所有计划、目标和成就，都是思考的产物。你的思考能力，是你能控制的东西，你可以用智慧，或是以愚蠢的方式运用你的思想，但无论你如何运用它，它都会显现出一定的力量。没有正确的思考，是不会成就伟大事业的。

阻碍我们成功的，往往不是我们未知的东西，而是我们已知的东西。传统的想法常常会冻结你的心灵，阻碍你的进步，干扰你的创造力。在生活中，杰出人士总是站在异于常人的角度或者超出常人的高度进行思考。因此，他们更了解这个世界。

学习知识要善于思考。善于思考是由敢想和会想两个方面构成的，那些成功人士都因为具备了这两个方面，才有惊人之举，因为敢想才能敢干，会想才能干成。

创新来自思考。没有思考，你就永远在前人踩出的路上行走，不会发现新的世界。一个人要成就大事，就要做个始终充满创造力的人。

一个人要勤于思考、敢于思考和善于思考。尼采说："不会思想的人是白痴，不肯思想的人是懒汉，不敢思想的人是奴才。"不要终日忙碌而不思考，未经思考的盲目行动，往往不会有好结果。

提出一个问题往往比解决一个问题更重要

提出一个问题往往比解决一个问题更重要。只有不断地提出问题，才能使你不断地在思考中进步，并在解决这些问题的同时，逐渐迈向一个个人生的高峰。打开一切科学和真理的钥匙都是问号。大多数伟大的发现都始于智者的发问。

要善于发现问题。发现问题是契机，面对问题是挑战，解决问题是超越。培根说："如果你从肯定开始，必将以问题告终；如果从问题开始，则将以肯定结束。"

学术研究贵在出新

季羡林主张在学术上要"求异存同"。人们习惯讲的是"求同存异"，应当说，在处理国与国乃至人与人的关系上，做这样的强调是对的。而在学术研究上，则要多点"求异"思维，要强调"求异存同"。因为学术研究贵在出新，不宜陈陈相因，而要有所发现，有所前进。

天，看上去很高远，但又近在你的头顶，甚至飘忽在你的眼前。有些事情，看似高不可攀，但只要你认准方向，一步一步努力去做，成功就在你的眼前。

你到了海边，看到了大海，但你看到的只是海的表面，要了解大海，还必须深入探索。我们看任何事情，不能只满足于表面的了解，要深究其本质。

人的智慧不仅来自研究伟大的学说，而且来自对平凡事物的观察。

把知识转化为智慧和能力

只有当知识转化为智慧和能力的时候，知识才有真正的价值。

巴丹在《阅读改变人生》说："读书的魅力在于，它为人们追求真理铺展了道路。"当一个人决心为真理而战的时候，他就必成为勇士。

人要善于学习，才会有聪明才智。学习聪明人的聪明会更聪明，吸纳智慧人的智慧会更智慧。

一个人的阅读状态和生活态度是紧密相关的。你想从生活中得到什么，就会有怎样的阅读。如果仅仅为了生存去读书，从功利的角度出发，就会少了许多读书的趣味，所得也就有限。有一种阅读叫品味，世界如此广阔，生活如此丰富，值得我们细细翻阅。

心灵的成长更需要耐心

森林中的树木，生长缓慢的更结实，更有机会成为栋梁之材。十年树木，百年树人，人才成长有其规律，不能拔苗助长，心灵的成长更需要耐心。

读书之根本，是求得一条求智的路，不是为了获得生活资料的手段，而是一种志存高远的兴趣，是了解未知世界一份好奇心。

修心养性在读书，一个人读什么书，这不仅是个人的爱好问题，更是一个价值观问题。

要互相交换、包容和分享

英国戏剧家萧伯纳说："倘若你有一个苹果，我也有一个苹果，而我们彼此交换苹果，那么我们仍然各有一个苹果。但是，倘若你有一种思想，我也有一种思想，而我们彼此交流这些思想，那么我们每人将各有两种思想。"每一个人的才干、智慧和个性有其独特性，如果能够互相交换、包容、分享，就会产生整体大于单一要素的整合作用。

知识是最核心的力量

英国哲学家培根在《新工具》一书中提出了"知识就是力量"的著名论断，他写道："任何人有了科学知识，才可能认识自然规律，运用这些规律，才可能驾驭自然、改造自然，没有知识是不可能有所作为的。"随着社会的发展，知识的作用愈加重要，今天可以说，知识不仅是力量，而且是最核心的力量，是终极力量。

高尔基说："一个人知道得越多，他就越有力量。"知识是登上成功顶峰的基石，有了知识积累，命运便会为你开启一扇幸运之门，使你一步步走向成功。

学习，是明天最富革命性、创造性的生产力。新世纪的最大能量来自学习，最大竞争也在于学习。

学习方法

哲人、伟人、学者创造的学习方法值得我们借鉴。

孔子的"学而不思则罔，思而不学则殆"的"学思结合法"。

儒学家子思的"博学之，审问之，慎思之，明辨之，笃行之"的五步法。

理学家朱熹读书的心到、眼到、口到的"三到法"。

毛泽东读书有个"四多"的习惯，即多读、多写、多想、多问。

作家秦牧提倡读书将"牛嚼"和"鲸吞"结合起来，即每天吞食几万字的文章、书，再像牛的"反刍"，反复多次、细嚼慢咽。

李平心的随时"聚宝"勤做研究的方法。

史学家陈垣提倡读几本烂熟于心的"拿手书"。

学习要选择科学的、适合自己的学习方法，方能立竿见影、事半功倍。

天下才子必读书

"天下才子必读书"，这几乎是一条规律。不学就不可能成才，书籍蕴含着千百年来人类的智慧与理性，读书无疑是知识积累的最好方法，也是成才不可缺少的。

学习贵在坚持，切忌浅尝辄止。在学习过程中要始终保持旺盛的精力，不畏困难，坚持不懈，才能学有所成，最终获得成功。

善于不断地获取信息

当今社会，信息已成为竞争中的关键因素。如果能够敏锐地发现信息，并能很好地利用，则可以在竞争中争得一席之地。但是，在信息时代，没有常胜将军，往往在你为成功而沾沾自喜的那一刹那，一条关键的信息就溜过去了，也许你会因此而丧失许多机会，失去在竞争中的主动性。

成功人士总是善于不断地获取与他的主要目标、事业有关的专门知识和相关信息。树立多方面收集信息的意识，做捕捉信息和机遇的有心人。

对众多的信息要进行有效筛选。对有用信息进行整理和加工，学会在信息中加入自己的创意，使之更适用自己。

将兴趣与学习结合在一起

莎士比亚说："学问必须合乎自己的兴趣，方才可以得益。"兴趣，是一个人充满活力的表现。有兴趣爱好的人，生活才有七色阳光。将兴趣与学习结合在一起，结合兴趣学技能可以保持持久的动力，不会觉得疲劳。

善用口才影响他人

要善用口才影响他人。优秀的口才能够为你赢得他人的信任与支持。能够简洁明了地表达你的思想，在潜移默化中影响他人，能够让你获得更多的成果，赢得更好的未来。

拉罗什富科说："热情一开口，就必然成为使人屈服的第一流的演说家。"真诚的态度是成功交际的妙诀，也是使演说者和听众融为一体，在情感上高度一致，在情绪上引起强烈共鸣的妙诀。

激发潜能

人的潜能无限，当遇到困难时，积极行为能够激发潜能，使你体内的能量爆发出来，做出平时难以做到的事情。

一个人懂事、知事往往不是事前、事中，而在事后。正所谓"事前诸葛亮，事后臭皮匠"，事后要靠自己多思量。

专注胜过聪明药。增强注意力也是提高智力的有效途径，因为注意力与短时记忆紧密相关。如果你不在意阅读或聆听的内容，你就不会记住它。

生命有限，知识无穷

生命有限，知识无穷，任何一门学问都似无穷无尽的海洋，谁也没有资本认为自己已经达到了最高境界而停步不前，趾高气扬。

一个人的学习进步，老师的指点固然重要，但更需要自己日积月累的打磨，要靠自觉和坚持。

> 简单的事情考虑得很复杂，可以发现新领域；把复杂的现象看得很简单，可以发现新规律。
>
> ——佚名

真正有学问的人就像麦穗一样，当它们还是空的，它们就茁壮挺立，昂首睨视；当它们臻于成熟，成为饱满鼓胀的麦粒时，便开始低垂下头，不露锋芒。

人们耳熟的"木桶原理"告诉我们，如果将自己最短的"木板"修炼得比任何一个人都好，你便顺理成章地能装最多的水。一个人的才能虽然某一个单项不如别人，而综合能力比别人强，那也是一个赢家，还可能赢得更精彩。

当今信息社会，人们都有太多的困惑袭扰。困惑，是人生在新的征服前的苦闷。智者的困惑来自智慧的思考，在审时度势的过程中，通过对真知灼见的追求走向坚定。愚者的困惑伴随无知的茫然，在自我唯心的分析中，从人云亦云的盲从走向偏执。

对知识而言，人们需要掌握三方面的知识：一是文化知识；二是事物之间相互关系的知识；三是事物本身的物质组成和结构及其运动规律的知识。

广义的文化是人类创造出来的所有物质和精神财富的总和，其中包括世界观、人生观、价值观等意识形态的部分，也包括自然科学和技术、语言和文字等非意识形态的部分。文化是人类社会特有的现象，文化是由人创造，为人所特有的。

中国优秀的传统文化对我们做人处事是很有启迪的。儒家文化中讲"恭、宽、信、敏、慧"，即"恭则不悔"，你对别人恭敬、友善，别人就会对你和颜悦色；"宽者得众"，对别人宽容，亲近你的人自然会多；"信则任焉"，越守信用的人，越能成功；"敏则有功"，谁敏锐就能建功立业；"慧则足以使人"，当领导就要知人善用。

阅读经典要学会举一反三

阅读经典著作要克服求快的心理。阅读经典是一个沉静与思考的过程，在这过程中，我们不仅要使书中的文字活起来，充实我们，还要使它用我们的理解得到延展与增值。阅读经典要学会举一反三，见迩知远。还有，不要怕读不懂，相较于浅近的东西，那种不能一目了然的东西反而让人经久不忘。

许多教师都发现，上课积极提问的学生，进入社会后有更强的适应能力。人生的许多境界不在于跟随，而在于自我探求。

尽自己能力去做

梁启超说:"我生平最服膺曾文正两句话:'莫问收获,但问耕耘。'将来成就如何,现在想他则甚?着急他则甚?一面不可骄盈自慢,一面又不可怯懦自馁,尽自己能力做去,做到哪里是哪里,如此则可以无入而不自得,而于社会亦总有多少贡献。我一生学问得力专在此一点。"

读什么书和怎样读书是个问题

阅读缺失固然很糟糕,但误读书比不读书更可怕。误读书的人,误以为读的都是真理,反倒误人误己。实际上,读书不是问题,读什么书和怎样读书才是问题。

读书要明确目的,有重点、有针对性,有些章节要精读,有些可以粗读,有些索性不读。有时一目一页,有时一目十行,有时则十目一行。读书切忌平均使用力量,才能提高读书的效率。

作家王蒙对网络时代催生的肤浅化阅读趋势感到忧虑。他担忧当阅读变得过分轻松、方便时,浅层的浏览会不会从此代替专心致志、费点劲儿的思考,久而久之成为人们的一种习惯,那是危险的。他建议人们读书时,不要只停留于浏览,还要学会沉下心来,不要只读那些令自己舒服、快乐的,还要读些"费劲"的,循序渐进。比如哲学书,其中的思辨性经得起反复琢磨。

什么样的思想,决定什么样的未来

什么样的思想,决定什么样的未来。只有靠不屈不挠的奋斗,才能取得成功。

学习知识能让我们进行一种思考,一种自我完善。知识能使人清醒,明辨是非，大彻大悟；知识能使人获得内心充实和满足。

智慧是人生最宝贵的财富。用聪明的头脑指挥你的思维，用独特的思维决定你的出路，时刻拥有人生的大智慧，你将赢得一次次的成功。

开发潜能

根据科学测试，无论智商的高低，每个人其自身的功能得到开发的仅仅是很少的一部分，甚至不足百分之一。所以，要充分开掘生命的潜能，"谁能轻松拿下一百斤，就交给谁一百五十斤的担子"。开发潜能，使人尽其才，百事兴；开发潜能，将鸣奏生命最强音。

要给自己一定的压力，一个人如果不逼自己一把，根本不知道自己有多优秀。

知识的价值在于有用

知识的价值在于有用，没有一种知识没有用，就看你会不会运用。

孔子、庄子等大师们读的书并不多，但读的书很经典。现代生活已被各种信息充斥着，我们要学会选择，有选择地阅读，有效地占有信息，而不是被信息占有我们。

改变可以改变的

英国思想家卡莱尔说："我们没有能力去阻止已经发生的事情，但有能力去改变已经发生的事情对我们现在生活的影响。接受已经发生的，改变可以改变的。"

聪明是一个人在能力方面的素质，如记忆力、理解力、想象力，反应灵敏等。智慧不是一种才能，而是一种人生觉悟，一种开阔的胸怀和眼光。一个有智慧的人，对成功与失败不会看得太重，而能够站在人世间一切成败之上，以这种方式成为自己命运的主人。

一个人眼界要宽，以求大视野；思路要宽，以求大作为；胸襟要宽，以求大气量。

求知，让人读懂幸福人生的真谛

知识如海，学习为舟，泛舟于海，方知海之辽阔。

把学习当成一种生活态度、一种精神追求，靠读书涵养正气，用学习增强底气，以思考培养才气，在静心学习思考中追求幸福。

求知，使人充实，体味生活的乐趣与幸福；求知，可以得到数不尽的精神财富和幸福；求知，让人读懂幸福人生的真谛。

善思，是打开能力之门的金钥匙

船的力量在于帆桨，人的力量在于思考。思考需要自静，自静保证思考。善思，是打开能力之门的金钥匙。一个在自静中善于思考的人，才真正是一个有能力的人。

读书的高境界有两个方面：一是时代的境界，就是要站在时代的高度；二是个人的境界，即是要有自己的个性，要能读出自己的新意，有自己新的理解、体会和新的发现。读书要读出高的境界，就必须有自己的思考和理解，必须有怀疑和批判精神，要学会分析；必须学用结合，为我所用。

要把学习作为"第一"去对待

多读书、常读书、读好书，是我们实现幸福人生的支撑。读书可以丰富精神，读书可以益智增见，读书可以改变气质，读书可以使生活甜蜜。

读书的趣味，就在求知的过程中、知识的递进中，使天上人间，尽收眼底；五湖四海，就在脚下；古今中外，醒然可观。

要把学习作为"第一"去对待。把学习作为第一需要、第一要求、第一职责、第一责任、第一追求。

要把学习作为高尚的事业，学习是事业的基础，是立身做人的本钱。

读书要善于选择

读书要善于选择，在理论学习上，要致力于读点原著；在专业知识上，要致力于实用管用；在相关知识学习上，要致力于广博和获取新知识。

关于哲学家的责任，北宋理学家张载说："为天地立心，为生民立命，为往圣继绝学，为万世开太平。"

突破自我，才能拥有一片成长的空间

若不给自己设限，人生中就没有限制我们发挥的藩篱。自信的人敢于打破自己的"瓶颈"，发挥自己的潜能；只有突破自我，才能拥有一片成长的空间，才能够开创更辉煌的人生。

一个人沉得下去，才会浮得起来；只有倒空自己，才能接纳新鲜事物、新观点。要随时对自己拥有的知识和能力进行清理，清空过时的垃圾，为新知识、新能力留出空间，与时俱进，永不自满。要学习就需要空杯心态，把自己归零，要始终保持学习的热忱，不断学习，终身学习。

读书起步要高点

识别真伪，练眼的方法就是看真的，看多了"真的"，自然就知道什么是"邪的"。先有纯度，然后才有高度。读书起步要高点，多读名著。看最真的，学最好的。最复杂的，往往是最简单的。因为纯，所以粹。

心静才能生慧

历史学家顾颉刚将其读书治学经验归纳为："天圆地方"。所谓"天圆"，就是求知识做学问，要脑袋"圆通"，勤于思考，学思合一，创新思维，更新观念，深思熟虑，谋划方略。所谓"地方"，就是读书学习时，臀部要"方正"，坐得稳，坐得牢，静下心。心静才能生慧。只有耐得住寂寞，方能集中时间、集中思想、集中精力学到点真本领。

要带着问题学

要带着问题学，增强问题意识，善于发现问题、提出问题、直面问题，实践提出什么问题就及时研究什么问题，切实解决难点问题、突出问题，努力使各方面工作有所发展、有所创造、有所前进。

学海无边，学而后知不足。所谓知识，就是一种使求知者吃得越多越觉得饿的粮食。

理论在实践中产生和发展，又对实践起指导作用。实践创造无止境，理论发展无穷期。任何理论都必须随着实践和理论的发展不断向前发展。

知识浩如烟海，而人的时间和精力是有限的，任何人都不可能读通所有的书，通晓所有的知识，必须有所选择。要选择那些有利于提高思想水平、完善知识结构、增强工作能力、提升精神境界的书籍来读。

列夫·托尔斯泰说："理想的书籍是智慧的钥匙。"我们要善于选择理想的有价值的好书，努力学习获得智慧。

真理使人变得伟大

对真理和知识的追求并为之奋斗，是人的最高品质之一。
——[美] 爱因斯坦

俄国列夫·托尔斯泰说："最深刻的真理，是最平凡的真理。"苏联高尔基说："真理是认识事物的工具，是人们前进和上升的道路上的阶梯。"法国罗曼·罗兰说："是真理使人变得伟大，而不是人使真理变得伟大。"英国科尔顿说："真理最好的朋友是时间，最大的敌人是偏见，最经久的伴侣是谦卑。"

实践出真知

要改变世界，不但要有先进的理论，更需要改造世界的实践。马克思说："哲学家们只是用不同的方式解释世界，而问题在于改变世界。""思想根本不能实现什么东西，为了实现思想，就要有使用实践力量的人。"

实践出真知。英国弗兰西斯·培根说："实践是科学的皇后。"列宁说："为了要理解，必须从经验上开始理解、研究，从经验升到一般。……为了学会游泳，必须钻到水中。"

真理像黄金

英国培根说："在人类历史的长河中，真理因为像黄金一样重，总是沉于河底而很难被人发现；相反地，那些牛粪一样的谬误倒漂浮在上面到处泛滥。"真理存在的范围自然是有限的，但真理永远是不朽的、永存的；而谬误存在的范围则是无限的，但谬误如同泡沫，很快就会消失，谬误总有一天要被纠正。

智慧是勤劳的结晶，是人们经验的综合。古希腊德谟克利特说："智慧有三果：一是思虑周到，二是语言得当，三是行为公正。"智慧能够在平凡中发现奇迹。

学习的目的在于运用。要学以致用首先要获取知识，有知识的积累和储备。然后，对知识要善于借鉴与选择。进而，要善于独立思考，触类旁通、举一反三，活学活用，有所创新。

读书是人认识自己、认识生活、掌握世界的重要方法

读书是人认识自己、认识生活、掌握世界的重要方法。读书是一种审美状态，也是一种生活实践。通过读书认识生活，认识自己，进而把读书这种话语实践转化为社会实践，改造自己，改造世界。

要有问题意识。问题是时代的声音，是前行的导向。问题意识的强弱是一种能力素质的反映。多一些问题意识，就是多一份责任和担当。要善于发现问题，提出问题，研究问题和解决问题。

古希腊哲学家亚里士多德说："想象力是发明、发现及其他创造活动的源泉。"我们要培养、开启想象力，增强创造力。

这世上有三样东西是别人抢不走的：吃进胃里的食物、藏在心中的梦想、读进大脑的书。

一个聪明的人，不仅是因为他有知识，而是因为他知道自己的不足。一个自以为智慧的人不会再去追求智慧，而一个自知不足的人，才会对智慧忠诚，毕生热爱和追求智慧，从而不断增长智慧。

看问题，不能鼠目寸光，只看到近处，看不到远处，只看到今天，看不到明天；也不能像鹰眼，只能洞察远处的风物，只有明天，没有今天。

读书要善于从中取其精华

读书要善于从中取其精华，分类积累，进行归纳、概括与创造。读书

不但自己能够得到好处，还要把这个好处传播推广，使别人也受益。

知识告诉你生活的道理，而智慧则是面对生活的能力，我们要有知识更要有智慧。

一只木桶如长期闲置，木板则容易变形开裂，最后只会散架报废。只有长期注水并使用，木桶才能结实耐用，持久发挥功效。人的头脑也是这样，要长期不断注入新知识，不断思考，才能成为智慧的头脑。

阅读，要知人，也要知出。对所读之书要全身心融入，潜心对其研读与探索。然后，要站在更高层次，对所读之书做出分析判断，能从新的角度进行开发、评价和质疑。"人"是出的基础，不"入"则无所谓"出"；"出"是"入"的目的，不能"出"就失去阅读的价值与意义。

对事物的了解、研究要透彻；有了透彻的了解才可能做透彻的说明；有透彻的说明才能形成有生命力的理论。

字是书的花，书的果实在人们的心里。善于学习的人，会将书的精魂与自己的思想凝聚在一起，结出丰硕之果，世界为此变美。

学习之美在于悟，工作之美在于乐。

提倡创新，而首先要善于发现

读书长见识，虽然不可能帮你解决所有的问题，但可以帮你从各个角度分析问题，让你选择更好的方案。

所谓知识，就是一种使求知者吃得越多越觉得饿的粮食。一本好书，就是你越读越想读的书。

真正改变世界的是"发明"，而"发现"只是让人认识世界。然而"发现"是"发明"的前提，是科学理论赖以建立的基础。诺贝尔实际是"发现"奖，就是只授予发现自然界已存在的规律的人。我们要提倡创新，而首先要善于发现。

一个人最重要的能力是大脑的思维能力。要训练大脑的能力，首先要在大脑里面装东西，使大脑有思考能力。要使大脑能够起飞，就要当看到抽象的东西时，尽量使它变得具体。反过来说，当你看到具体的东西时，尽量把它变得抽象。

当读书学习成为一种习惯、变为一种爱好时，当你选择有价值的书阅读时，就会感到特别享受，陶冶心灵，健康身心。

读书要做到"三要"才有收获：一要善于选择、专心阅读，不要什么都读，但都没有读通；二要深入思考，触类旁通，有所心得；三要勤于动笔，在书上做记号、摘抄或写心得。

读书可以改变人生，人则可以改变世界；读书关系到一个人的思想境界和修养，关系到一个人的前途。

认识自己，善于思考

人要认识自己，善于思考。亚里士多德说："了解自己才能增长智慧，生活得更完美。"

人们常说知识就是力量，后来又说信息就是力量，现在说信仰就是力量。一个人有了丰富的知识，善于掌握信息，有坚定正确的信念，不断努力就能成为强者。

史学使人清醒，哲学使人聪明坚定。

培根说："知识就是力量。"其实，当知识与灵性结合时形成智慧才是力量。

读书不仅可以增长知识，还可以养德健身，是最好的心理疗法和道德规范。

人生阅历和经验丰富的人，对人生哲理的理解会比较深刻。

知识是力量，但知识不成体系时，只是碎片。

知识是力量，良知决定方向。有正确的方向，知识才能成为正能量。

人爱面子，讲面子，而面子是要底子支撑的。没有底子的面子是假面子。没有学问功底而称自己有学问那是虚伪的。

处处留心皆学问。要善于学习，善于观察，善于思考，善于创造。

认识世界首先要认识自己。认识自己的无知，是认识世界的好方法。

读一流的书

人生求学，要谦虚好学，不耻下问；要海纳百川，兼收并蓄；要持之以恒，循序渐进。

做人，要做一流的人，读书，要读一流的书；只有读一流的书，才能做一流的人。

真正耳聪是能听到心声，真正的目明是能透视心灵。看到不等于看见，看见不等于看清，看懂不等于看透，看透不等于看开。

读书要有"欲穷千里目，更上一层楼"的境界，越读越感自己渺小和知识的博大精深。要不断攀登，永远向上，积极进取，把读书作为人生的内在需求，成为生命的一部分。

读书与思考，两者缺一不可。要读好书，把书本知识进行系统归纳、消化吸收、提炼升华。

金钱不是万能的。金钱可以买到手表，但买不到时间；金钱可以买到书本，但买不到知识。只有靠我们分秒必争，抓紧学习，才能不断增长知识才干。

读书能使人保持思想活力，启迪智慧，修身养道。要爱读书，读好书，善读书。

阅读与不阅读的人

阅读与不阅读的人，一天差距不大，一年差距变大，五年就是天壤之别，十年之后，就是一种人生对另一种人生不可企及的鸿沟。

读书是建造属于自己心灵世界的过程。读书越多，越不会被外在环境所困扰。

人生最大的捷径，就是用时间和生命阅读和拥抱世上一流的书，这样，才能比别人走得远。

有工夫读书就是一种享受，读书是追求智慧、丰厚心灵、享受生活的途径。

学识，是一个人的知识量；见识，是一个人的经历，是一种经验的积累，一种胸襟和眼界；胆识，是学识和见识的体现。"三识"兼备，就是一个真正有文化的人。

读书是世界上门槛最低的高贵。它改变你的容颜，丰富你的思想，提升你的逻辑谈吐。在阅读上花的每一分钟，都会沉淀成将来更好的你。

如果你不读书，即使走万里路，也不过是个步行者。

多读书养才气

你喜欢读什么样的书，就代表你是什么样的人；读不同的书，自然也有不同的气质。

读书时，心净方能入深，无专心致志无以喻其理，学则在其悟。

要做学问，就要耐得住寂寞，有所坚持，有所操守，专心致志。专心致志与成功是成正比例的，越专注，成功的可能性就越大。

培根说："书籍是横渡时间大海的航船。"我们看的是书，而读的是世界。

书以理为贵，文以真为贵，学以精为贵。

真正内心的强大，就是活在自己的世界里。曾国藩说："人之气质，由于天生，很难改变，唯有读书则可以变其气质。"他写给儿子的家信中说读书的方法：第一，要读经典；第二，一书不尽，不读新书；第三，要培养个人的读书兴趣与方向。

多读书养才气，重情义养人气，温处事养和气，淡名利养正气，会宽容养大气。

学习是改变自己的根本

人生学问的三重境界，或说三部曲，就是《论语》中"学而时习之，不亦说乎?""有朋自远方来，不亦乐乎?""人不知而不愠，不亦君子乎?"

一个人时时、经常把握适当时机去"学习"和"时习"，有了一定的学问、修养，有了一定的成就，就会有人投奔你，当然很高兴！当你有了成就时，有人不了解你，甚至误解你时，你能否做到"不愠"，不动声色坦然面对呢?

读万卷书、行万里路主要是为了开阔眼界，眼光有多远，思想就有多远，思想有多远，成就才可能有多大。

"我"是一切的根源，要想改变一切，首先要改变自己，学习是改变自己的根本。

你的世界，是由你创造出来的；你的一切，都是由你创造出来的；你是阳光，你的世界充满阳光。

"三识"俱佳

阅读应该对自己有难度要求。阅读有一定难度的读物，虽然感到有某种程度的不适，但努力一把，理解力会有明显的提升。

喜欢学习，智慧就会越来越多。

学识是一个人的知识量，见识是一个人的经验积累，一种胸襟和眼界；胆识就是胆略和气魄，反映一个人是否有勇有谋，是学识和见识的体现。"三识"俱佳，就具备了创大业的素质。

书本，掌握了，就是知识；荒废了，就是废纸。

有文化的人生活更有情趣，对于书本上看到的知识能理解并内化为自己的文化素养；善于发现和学习别人生活中的闪光点；这样就可以使自己的内心世界更充实、更美好。

吸取书中的营养，增长自己的智慧

学历只能代表过去，只有学习能力才能决定你的未来。对一个人来说，经验也很重要，只有尊重经验的人，才能少走弯路。

读书，要从真正的好书、经典名著里选择自己喜欢的有用的来读。读书不仅是增长知识，丰富自己的精神生活，更重要的是通过读书吸取书中的营养，从而增长自己的智慧。

读书的同时，一定要善于思考，爱迪生说："不下决心培养思考习惯的人，便失去了生活中最大的乐趣。"

要认识世界，不单要走进世界，更要走出世界，如果不出去走走，就会认为这就是世界。

让读书成为一种生活方式，一种责任，一种精神追求。

一个人喜欢读什么书，反映一个人的人生志趣、精神境界，更反映其理想信念、价值追求。

要善于选择，提升阅读品质

品读经典能让我们拥有广博的知识和博大的胸怀、崇高的信念、坚强的意志。在今天出版物海量的时代，我们更要善于选择，多读好书，提升阅读品质。

善读书，就要善思、博览、笃行、贵恒。学要"思"，就是坚持阅读与思考统一；重在"博"，坚持学习与工作结合；要在"行"，坚持学习与运用结合；贵在"恒"，坚持当前与长远结合。

一个人最重要的不是拥有多少财富，最重要的是拥有崇高的思想道德和深厚的学识，这才是最大的财富。

抓紧时间多读书，以增长自己的学识，还要注意融会贯通，不然就会固步自封，难以进步；只有把知识融化成自己的认识，才能真正提高自己的能力和修养。

第六章　人生的本领

做事要有原则和智慧，善于做事是人生的本领。

把复杂搞成简单是创造

把简单搞成复杂是平庸，把复杂搞成简单是创造。

做好每一件平凡的事就是不平凡，做好每一件简单的事就是不简单。

人们常常会犯这样的错误，往往把一件简单的事情想得过于复杂，从而给自己增加了许多无谓的负担。

珍惜所拥有的，放弃无法拥有的

有一种处事方法叫"放弃"——珍惜所拥有的，放弃无法拥有的。重要的是，放弃之后，就不要悔恨。何时放下，何时就会获得一身轻松。美国作家梭罗说："一个人越是有许多事情能够放得下，他就越是富有。"

用心做事

做事用心者，事能成；心用偏了，事不成；心用过了，事也不能成。

我们做事，要一点点去做，但这并不等于没有战略，没有整体的思维，因为点与点之间不是孤立的，而是相互联系的。所以，在做一件事情之前，必须把一件事情有多少点弄清楚，把这些点之间的联系弄清楚，找到它们之间的顺序，这样才能事半功倍。

有人说，大事在心里，小事在眼里；大事在远方，小事在眼前。眼睛看见的，都是小事；眼睛看不见的，都是大事。这话虽然简单，但含义深刻。

世界著名企业家李嘉诚曾经说过："做事先做人，一个人无论成就多大的事业，人品永远是第一位的，而人品的第一要素就是忠诚。"无独有偶，当其他世界级的企业领导人被问及"什么才是员工最应该具备的品质"的时候，他们首选都是忠诚。

有计划没有行动等于零

做事第一步是做，第二步是常做，第三步才是会做。不做不能有知，不常做不能有得，不会做不能有成。

有计划没有行动等于零；有机会没有抓住等于零；有意志没有持久等于零；有价值没有实现等于零。

创造力十分必要，也十分神奇。它本身应该是没有缺点的，因为创造就是产生有用的创意。但在实际当中，危险还是存在的，这是因为有时人们沉溺在创造中不能自拔，沉溺在为了改变而改变，这是非常低级而且成本高昂的，这也是危险的。

敬业使一个人工作愉快，有活力。敬业的结果必带来成果。

只要不犯相同的错误就是一种进步

人难免犯点错误，错误本身并不可怕，可怕的是错得没有价值。一个人虽然犯点小错误，但他能从错误中总结教训，知道自己为什么犯错，并不再犯更大的甚至是致命的错误，则错误对他来说比成功的经验还重要。

人生不怕犯错误，就怕一错再错。一个真正明智的人绝不会再犯同类的错误。只要不犯相同的错误就是一种进步。

人难免犯错误，承认错误是坚强，吸取教训是聪明，而改正错误是伟大。

聪明人从愚人那里学到更多，因为他会从愚人的错误中吸取教训，而愚人不会从聪明人的成功中学到经验。

在生活中，错误、失败和不幸总是难免以这样或那样的面目出现，如何对待它们，得到的结果是有天壤之别的。好棋手都懂得，棋中往往隐蔽着胜招，而关键在于你有没有反败为胜的智慧和眼光。错误其实也是一种宝贵的经验，换个念头去面对它，可能会是一个更圆满的结果。

真理经常失败，但真理不怕失败；只要坚持，真理最终一定胜利。

积极心态掌控成功

做什么事都要有一种积极的心态，都要从好的方面去想。当你想象你会成功时，你就会增强信心，并在实践中想方设法做到成功。积极心态掌控成功，从好的方面想，才会有好的结果。

人最危险的堕落是麻木停滞，以无所谓的态度对待一切。当你自我满足不再前进时，你的工作就会陷入瓶颈，你的事业就会走入低谷。

现代社会人们都会面临各种各样的压力，我们要学会适应压力，调整自己的心态，无法挽回的东西就忘掉它；有机会补救的要抓住最后机会。要把压力变为一种动力，不断推动自己努力前进。

工作需要热情

工作需要热情，热情是一种精神特质，代表一种积极的精神力量。干工作有热情和没有热情，效果是截然不同的。如果你热爱自己从事的职业，对工作充满热情，工作就会干得有声有色，创造辉煌的业绩。

王若飞说："热情，像熊熊的火焰，是一切的原动力，有了伟大的热情，才有伟大的行动。"做事情，你愈投入，事情就愈显得容易。热情和信心一起能使我们将逆境、失败和挫折转变为积极的行动，迎难而上解决问题，并最终获得成功。

做一份自己既能胜任又喜欢的工作

工作本身也是生活的一部分，工作质量的高低决定了生活质量的高低。做一份自己既能胜任又喜欢的工作，是人生真正的乐事。

一个人如果能够根据自己的爱好去选择事业的目标，他的主动性、积极性将会得到充分的发挥。即使十分疲倦和辛劳，也总是兴致勃勃，心情愉快；即使是困难重重，也绝不灰心丧气，而能想尽办法，百折不挠地克服它，甚至废寝忘食，如醉如痴。

凡事总要有信心

凡事总要有信心，每当你相信"我能做到"时，自然就会想出"如何去做"的方法。

拿破仑·希尔说："只要有信心，你就能移动一座山。只要坚信自己会成功，你就能成功。"自信，是人们从事任何事业最可靠的资本。自信使人充满前进的动力，自信能排除各种障碍、克服种种困难，能使事业获得圆满成功。自信成就未来。

做事要有自信，有信心才有力量。在自信里要懂得谦虚，因为自满容易傲慢，自满自傲的人容易招致失败。

一个人做事不可能让所有人都满意。只要尽自己所能，让自己和你中意的人满意就可以了。

要勇于冒险

要勇于冒险。没有冒险就没有机遇，没有机遇就很难成功。创造人生奇迹的人，都是肯动脑筋敢冒风险的人；任何人生事业的成功，都需要敢于决策和敢担风险。

充分展开你的想象

爱因斯坦说："想象力比知识更重要。"可以说，人们的一切发明与创造都源于想象力。要充分展开你的想象，才能够产生与众不同的想法，才能有与众不同的收获。

从挫折中站起来

任何人都难免遇到挫折和困难，在困难面前摔倒也是难免的。关键是你能否从挫折中站起来，不被困难所击垮。失败了再爬起来，需要有自我鼓励的品质和勇气。

创业者要学习别人的成功经验，更要研究别人的失败教训。因为失败教训更有启迪和警示作用。

付出你的所有

只有一个办法能让你成就所有的事情，那就是付出你的所有。要想得到从来没有过的收获，先要付出从来没有过的劳动。

干事业就像爬山，不要以为你爬上一座山就达到了高峰，如果你再爬上一座更高的山，就会明白以前那座山只是起点而已。

要坚韧不拔

苦难是一所没有人愿意上的大学，但是从那里毕业的人都是强者。在挫折面前多坚持走一步路，多坚持一分钟，也许你就会发现自己已经站在了成功的大门前。

成功既非一蹴而就，也非遥不可及。耐心可以创造奇迹。荀子说："锲而舍之，朽木不折；锲而不舍，金石可镂。"无论困难多大，只要我们有坚韧不拔、锲而不舍的精神，就能够战胜困难，创造奇迹。

当今社会的竞争常常是持久力的竞争，有恒心、有毅力的人往往能够成为笑到最后、笑得最好的人。

勇气的一半是智慧

冒险与收获常常是结伴而行，险中有夷，危中有利。勇于尝试可以让你发现机会，化危机为转机；尝试可以创造奇迹。

心理学家认为，行动本身会增强信心，不行动只会带来恐惧，克服恐惧最好的办法就是行动。行动可以忘掉恐惧，等待、拖延只会增加你的恐惧感。

勇气和智慧是联系在一起的；只有勇气而没有智慧充其量只是鲁莽。勇气的一半是智慧，真正的勇敢是要用冷静的头脑和智慧去解决眼前的问题，而不是一遇危险就乱了阵脚，没有了办法。

无论什么事，都要勤奋地做

无论什么事，都要勤奋地做，脚踏实地去做，每天多做一点点，积少成多，时间长了，你就会实现自己的理想，收获自己想要的成功。

成功在于计划，更在于行动。目标再伟大，如果不去落实，永远只能是空想。

要勇于负责

要做一个负责任的人，无论什么时候都要勇于负责，不推卸责任。承担责任，可以让一个人变得更优秀。

罗曼·罗兰说："在这个世界上，最渺小的人与最伟大的人，同样有一种责任。"一个人如果不愿意做小事，不愿意对小事负责，就不可能在大事面前担当责任。

凡事不畏难，方能克难

凡事不畏难，方能克难；不怕事，方能成事。

天下一切事情越急于结果，结果越难来。要有意练功，无意成功；只想眼前劳动，少想明天收获。

强者面前都是路，弱者面前全是山。事情往往是你害怕的是什么，面对的就是什么。

友好和谐的合作

友好、和谐的合作，可以激发生命中的潜能。在集体中的合作，可以增强你的自信心，提高你的处世能力。每个人都有自己的优势和特长，适当地相互联合起来，就会取得"1+1>2"的结果。

做事要善于和他人合作，一个真正有能力的人从不拒绝与他人合作，分享才能体会到长久的快乐。

我们的社会是由各怀特长的人共同组成的，每个人都有自己的优点，都是不可取代的，只有相互合作，取长补短，才能够共同取得成功。

独木难成林，一人难为众；唯有合作，才能共赢。

信任是合作的基石，只有相信别人，才能与别人更好地合作。

对于一个集体而言，一个人的成功不是真正的成功，集体的成功才是最大的成功。如果一个交响乐团的每一个人只弹自己最擅长的乐曲，那么整个交响乐团只会产生噪音。只有大家互相配合，才能弹出美妙的音乐，把事情做好。

每个人都应该承担一部分责任

每个人的能力总是有限的，要明白自己的性格和能力，选择一个合适自己的、且能胜任的工作，才能有所作为。

作为社会中的一员，每个人都应该承担一部分责任。如果不负责任，就很难得到别人的信任；如果没有责任意识，就很难避免出差错，很难避免给自己或他人造成损失。

要解决问题

凡遇到困难的问题，要解决问题就要先找出问题的症结所在，仔细研究，找出对策，对症下药。正如毛泽东同志所说："要解决问题，还须作系统的周密的调查工作和研究工作，这就是分析的过程。"

做事要分轻重缓急，把要做的事情列出来，分成四类：（1）重要且紧急的事；（2）重要但不急的事；（3）紧急但不重要的事；（4）既不重要又不紧急的事。对第一类要先做且要十分重视；对第二类需要你经过深思熟虑后得出成熟方案后再去做；对第三类看似不重要但有时间限制，在做的时候可不投入过多的精力，但要保证在规定的期限内完成；对第四类可暂时放一放，但不要忘记。

解决问题的开端和结尾十分重要。开端要充分准备，防患于未然，将隐患扼杀在摇篮里；结尾要果断行事，坚决彻底，不留后患。

需要有自己的专长

要在社会上安身立命，必须有一样拿得出手的专长，百门通不如一门精。富兰克林说："人有一技在身，胜过家财万贯。"一技之长是生存之根本，不论你想在哪一方面有所成就，也不论你想从事什么职业，都需要有自己的专长。

要学会与别人合作

合作是现时代的主题。要想工作有成就，生活更美好，就要学会与别人合作；利用别人的优势来弥补自己的不足，让自己站在巨人的肩膀上眺望远方。泰戈尔说："唯有具备强烈的合作精神的人，才能生存，并创造文明。"

每个人的性格、习惯都不相同，有着不同的行事习惯和风格，要合作就得相互包容。相互包容可以使合作的效益达到最大化，在合作中发现他人的优点和长处，将它吸收过来，转化为自己的优势，这是合作的真谛。

凡事应尽最大努力使它更完美一些

车尔尼雪夫斯基说："既然太阳上也有黑点，人世间的事情就更不可能没有缺陷。"在这个世界上，没有一件事物是十全十美的，凡事只能尽最大努力使它更完美一些，切勿过分苛求。人不可能完美，但需要不断追求完美。而在追求的过程中，人们需要走出完美的误区，去善待他人，善待自己，不走极端。

戴维·帕卡德说："小事成就大事，细节成就完美。"做大事必重细节，无论做什么事，千万不可忽视细节的存在，细节往往是一种创造，也是一种征兆，从中可以看出一种命运的走向和事情的成败。

老子说："天下难事，必作于易；天下大事，必作于细。"善于从细节上抓住闪光点的人，往往就能抓住主要矛盾，这样的人具有伟大的品格，既能从大处着手，又能从细小的方面狠下功夫。

能够把一切简单的事做好的人往往不简单，他能够从眼前的小事做起，培养自己良好的习惯，懂得以细节取胜，赢得别人无形中的敬重。

荀子说："不积跬步，无以至千里，不积小流，无以成江海。"生活的大海往往都是由一些小小的溪流组成的，一些小小的细节累积构成了生命的内涵。生活中，有些看来微不足道的事情中往往蕴藏着重大的机遇；而成功者与一般人的区别往往就在对待这些微不足道的小事的态度上。

用辩证的眼光来看问题

在对待争与让的问题上，用辩证的眼光来看，有时不争就是最大的争。所谓不争是不针锋相对地争，不争左而争右，不争上而争下，不争今而争明，跟别人错开，人取我予，人予我取。这种不争，是体现一种胸怀、一种自信、一种智慧。

有的时候，遇事缓一缓，说话停一停，许多东西便会清晰。

有些问题，没有答案就是最后的答案；有的事情没有结果就是最好的结果。

人需要有点淡定之心，不要一遇不顺心的事就起急、发火、抱怨，那样于人于事都没有好处。有了淡定心，就能静观其变，有利于事情的转化，这也是一种高明、睿智的处世之道。

充分发挥人的才智

彼得·德鲁克在《卓有成效的管理者》一书中指出，管理者的任务不是去改变人，管理者的任务在运用每一个人的才干。就是要让各人的才智、健康以及灵感得到充分发挥，从而使组织的整体效益得到成倍的增长。

做事要善始善终，看好就收

"人们应该在最美好的时候离开。"心理学家丹尼尔·卡内曼将这一认知命名为"峰终定律"：我们对一件事物的记忆仅限于高峰和结尾，事件过程对记忆几乎没有影响。高峰之后，终点出现得越迅速，这件事留给我们的印象就越深刻。

我们做事要善始善终，要看好就收，在最美好的时刻就离开，这样，才会留下美好的印象。

曾国藩的处世智慧：他主张按本色做人，按角色办事；做人一定要像人，做官不可像官；不怕群众骂你，就怕群众不找你；可以得罪忙人，但不可得罪闲人；小胜靠智，大胜靠德。

放弃的智慧

有一种智慧是"放弃"，放弃是为了更好地选择得到，在扬弃中进行新一轮的进取，你所得到的比失去的更可贵。学会了放弃，你也就学会了争取。

要学会丢弃，丢弃旧的观念，丢弃旧的思维。志向远大者不拘泥"一时一地"的丢弃，问题是要弃小获大；目光短浅者太计较"一城一地"的得失，根子在于抓小弃大。今天的丢弃，是为了明天的得到；眼前的丢弃，是为了长远的获取。

创新，往往是这样：看到所有人都能看到的，而想到没有人能想到的。

缺口要及时修补

心理学的研究上有个现象叫做"破窗效应"，就是说，一个房子如果一个窗户破了，没有人去修补，隔不久，其他的窗户也会莫名其妙地被人打破。任何坏事，如果在开始时没有阻拦掉，形成风气，改也改不掉，就好像河堤的一个小缺口没有及时修补，可以崩坝，造成千百倍的损失。

注重做事的精神意义

人生在世，无论做什么事，都要注重做事的精神意义，通过做事来提升自己的精神境界，把精神上的收获看得更重要。做事是灵魂修炼和完善的手段，真正的目的是做人。

人要有点压力

人在压力最大的时候，效率可能最高；最忙的时候，学的东西可能最多；最惬意的时候，往往是失败的开始；寒冷到了极致，太阳就要光临。

遇不如意的事时要冷静

当遇到不如意的事时，冲动是魔鬼，千万别让情绪左右了理智。有些事情明天再说，让人从冲动到理智有一个缓冲。经缓冲后，冲动的情绪经过时间的冲刷和冷静的思考就可能冷却平静下来，避免许多后患。

理想与求实

一个人做事，既要有崇高的理想和明确的目的性，也要有实事求是的精神和最切实的实际工作。

要善于选择，不管做了什么选择，都不要后悔，因为后悔也于事无补。

处世的智慧

好些时候，看穿但不说穿。很多事情，只要自己心里有数就好了，没必要说穿。

世界上挣了钱的有两种人：独赢者，越赢越少，只能挣小钱；共赢者，越赢越多，会挣大钱。

人的价值在于对社会做出奉献，敬业是奉献的基础，乐业是奉献的前提，勤业是奉献的根本。

人不要怕苦，怕苦畏难就做不了好人，也干不成事。所有的成功是"苦"出来的，所有的幸福也是"苦"出来的。梁启超说："人生须知负责任的苦处，才能知道尽责的乐趣。"

星云大师说："能干的人，不在情绪上计较，只在做事上认真；无能的人，不在做事上认真，只在情绪上计较。"要做好任何事，都必须专心致志。

事情往往是这样，越担心的事越容易发生。

我们用的东西太多，不一定是好事。太多了反而麻烦，平常使用的东西如果少一点、精一点，思想也会变得清明单纯。

干事业要有激情

一个人干事业要有激情。激情是一种处在激发状态下的高昂精神，是一种超自然、超平凡的超凡精神。激情是事业开创的基石。有了激情才能创造奇迹；而激情贵在坚持，贵在长久。

中心在我们心中

好些人都向往中心城市，其实中心和边缘是一个相对的概念，如果我们的内心足够丰盈，我们所在的地方虽小，而内心却有足够的大爱，那么在我们内心中心与边缘就有另外的衡量标准。我们就会自豪地、淡定地说："我这里就是中心。"

工作态度决定你的命运

工作没有贵贱，但工作的态度却有高低区别。人生的目标贯穿于整个生命过程中，你在工作中所持的态度，使你与周围的人区别开来。工作中，你的工作态度就决定了你的命运。

任何人都有压力，压力有大有小，有利有弊。对于坚强的人来说，压力就是动力，压力越大，动力也就越大；对于懦弱的人来说，压力就是负担，压力越大负担也就越大。没有压力也就没有动力，成功路上不能缺少必要的压力。

一个人做事要专心致志于事业，不要受外界或不良情绪的干扰。

要有团队精神

团队精神是大局意识、协作精神和服务精神的集中体现。团队精神的基础是尊重个人，核心是协同合作，最高境界是全体成员的向心力、凝聚力，它反映的是个体利益和整体利益的统一。

如果说个人能力是推动企业发展的纵向动力，那么团队精神则是达成企业经营目标的横向动力。因此，员工作为个体应不断提高自己的能力，而作为团队成员则应与其他人加强沟通，同舟共济、互相尊重，既尊重个性也重视大局，彼此之间密切配合。

现代社会科技高度发达，社会分工越来越细，是高度专业化和复杂化的社会，任何人都已经不可能在某个领域凭借一己之力取得很大的成就。没有团队成员的支持和帮助，即使是天才，所能取得的成就也将十分有限。个人的成功只是小成功，而团队的成功才是真正的大成功。

"一花独放不是春，百花齐放春满园。"领导都希望自己的员工精明能干，能独当一面，但是，更希望员工能精诚合作、互相支持。领导更重视整体效应，只有合作才能成功走向未来。

要做就一次做好

做任何事情，要么不做，要做就一次做好。第一次就把事情做到位，是提高工作效率和获得机遇的第一步。一次就把事情做到位，不仅对自己负责也是对别人负责。能一次就把事情做到位的人，是现代社会需要的人，是值得信赖、受大家欢迎的人。

困难是前进的动力

不经历风雨，怎能见到彩虹；没有经历磨难，又怎能有辉煌的成就。艰辛的历程，往往能给我们带来巨大的动力。对于强者而言，困难是前进的动力，是走向成功的助推器。

工作仅勤勤恳恳、埋头苦干是不够的，关键要有解决问题的能力，只有具备了这种能力才能轻松解决问题，提高工作效率。能力才是取得胜利的最终"王牌"。

态度决定命运

心态决定观念，观念决定态度，态度决定命运。无论你在哪个单位工作，都应该有一种主人翁的心态。以主人翁的心态去做好你所从事的工作，你就会成为一个值得信赖的人，最终获得成功。

千万不要轻视自己的工作，每份工作都应该全力以赴，积极主动地去把它做好。所有伟大的事业都是从平凡的工作做起来的。成功，就是积极主动地去将简单平凡的工作做到位。

走出逆境之后，得意忘形便可能陷入另一个逆境；清除逆境后缩手缩脚，便等于没有走出逆境。

人的一生，其实只做两件事，一是必须做的事，二是做想做的事。智者与常人的区别在于：不仅高兴地做后一件事，而且愉快地做好前一件事。

要善用"底线思维"与创新思维

要善用"底线思维"，凡事从坏处准备，争取最好的结果。

只知埋头苦干的人最多只能获得一时的成功。如果没有创新思维的参与，即使是再勤快的脚板，也永远跑不过善于思考的大脑。

困苦永远是坚强之母

困难能考验人的意志，也能磨炼人的智慧。正如莎士比亚说："困苦永远是坚强之母。"雨果说："上天给人一份困难时，同时也给人一份智慧。"

> 一个人只有以他全部的力量和精神致力于某一事业时，才能成为一个真正的大师。
>
> —— [美] 爱因斯坦

> 本来事业并无大小；大事小做，大事变成小事，小事大做，则小事变成大事。
>
> ——陶行知

事情的大小是相对比较而言的，又是随着不同的时间、地点、对象发展变化的；事情的大小也会相互转化的，大事处理好了可变小，小事处理不好也可变大。

萨迪说："事业常成于坚韧，毁于急躁。"要想在事业上干出名堂，就必须戒骄戒躁，持之以恒，坚韧不拔。

滴水穿石不是靠力量，而是因为不分昼夜持之以恒。成就事业，能力智慧固然重要，但更重要的是靠意志坚强和坚韧不拔的精神。歌德说："要有坚强的意志、卓越的能力以及坚持要达到目标的恒心，此外都是细节。"

人有了坚强的意志和辛勤劳动就能创造奇迹。

> 人类所有的力量，只是耐心加上时间的混合。所谓强者是既有意志，又能等待时机。
>
> ——［法］巴尔扎克

拿破仑说："真正的才智是刚毅的志向。"没有坚强的意志力，就不可能有雄才大略。如果你做了好事受到指责而仍坚持下去，这才是奋斗者和成功人士之本色。

欣赏眼前的玫瑰

不要忽略近处的风景，人们往往认为熟悉的地方没有风景，因为司空见惯，所以美的眼光被蒙蔽了。总是想着陌生的远方会有一座美丽的玫瑰园，而不去欣赏眼前的玫瑰。其实只要你把远望的眼光收回来，细心观察，就会发现身边就有最美的风景，对人才的识别也应如此。

智者不锐，慧者不傲，谋者不露，强者不暴。能忍人之所不能忍，方能为人之所不能为。

团队成功的保证就在于发挥每个团队成员的特长，让大家树立团队精神，产生协同效应。有了团队精神，团队将战无不胜。

做事要有高度的责任感

做事要有高度的责任感。门肯说："人一旦受到责任感的驱使，就能创造出奇迹来。"

创业的过程，实际上就是恒心和毅力坚持不懈的发展过程；宏伟的事业，只有靠实实在在的微不足道的一步一步的积累，才能获得成功。

> 若要万事服从自己，首先要自己服从理性。
>
> —— [古罗马] 塞内加

不要怕压力，人们最出色的工作往往是处于逆境的情况下做出的。人在极大的压力下，往往会激发其潜能的发挥。

责任与权力是相应的，你的职位上升，责任则加重，升得越高，责任越重。

善于掌握尺度

美国的西里尔·奥唐奈说："对于管理的所有职能来说，平衡原则是普遍适用的。"管理者要具有善于掌握尺度的能力，搞好协调平衡工作。

领导者要善于人尽其才，运用每个人的才干，以一当十，以十当百，发生相乘效果。

精力集中在重要的事情上

要把主要精力集中在重要的事情上，如果你总想把每件事情都做好，那就不可能把真正重要的事情做得非常出色。

做事要瞻前顾后，必须兼顾临时之计和长远目标。

凡事都要重调查研究，才能做出正确判断，才有发言权。美国的马克·吐温说："要弄清一个事实，最好的方法就是亲自去做调查，不听信任何人所讲的话。"

提高工作效率的要领

提高工作效率的要领：一是设定目标；二是成果至上，集中全力做好与目标相关的事情，百分之百地完成任务；三是要事第一，高效率的重要原则，是做事基于事情的重要性而非紧急性；四是提升行动速度，合理分配时间，提升单位时间内的价值产出，缩短取得成果所需要耗费的时间。

无论做什么事，都不要着急，不管发生什么事，都要冷静、沉着。无事时要保持警惕，有事时如无事时镇定。

凡做事，开始，要慎重；过程之中，要耐心；收获，要沉着。

看问题要辩证

看问题要辩证。能把一些事情看清楚，需要视力；能把一些事情看模糊，需要眼光。眼里朦胧，却往往心中透彻。

做事，选对方向远比努力做事重要。做对的事情远比把事情做好重要。

现在你做别人不愿做的事，将来你就能做别人不能做的事。

贵在坚持

有了机会不要放过，没有机会不要放松。

贵在坚持。最简单的事是坚持，最难的事还是坚持。只有坚持才能成功。

不该知道的事，不知道为好，如果知道了会削减勇气，不知道反而能一鼓作气。谁都不是算命先生，没有未卜先知的本领。然而，正因为不知道，未来才充满了无穷的希望。

大事难事，看担当；逆境顺境，看胸襟；是喜是怒，看涵养；有舍有得，看智慧；是成是败，看坚持。

担负越大的责任

你能力越强，就要担负越大的责任；而责任越大，就越应有所敬畏。

一个人如果要在某方面有所建树，就必须耐得住寂寞，坐得住冷板凳。坐得住是一种态度，也是一种境界。人生贵在坐得住，人生也难在坐得住。只有坐得住，才能磨练意志，才能凝聚力量，才能造就辉煌。

说话做事要有度

说话做事要有度。话不能说得太满，满了难以圆通；调不能定得太高，高了难以合声；事不能做得太绝，绝了难以进退。

凡做什么都有因果关系，种善因得甘果，种恶因得苦果，无论我们种下什么，我们终将自食其果。

遇事既要看得到，又要想得开，既要提得起，又要放得下，既要看重结果，又要享受过程，始终保持一种"心静自然凉"的心境。

处难处之事宜宽，处难处之人宜厚，处至急之事宜缓。

温柔就是用来和最坚硬的东西抗衡的，硬碰硬往往不会有好的结果。

做工作的境界

做工作有三种境界：第一种境界叫尽职，在其位干其活，管好分内事。第二种境界叫尽责，带着责任感做工作，除了做好本职工作外，还为大局承担更多责任。第三种境界叫尽心，把工作作为人生价值的追求，惦着干、想着干，敢冒风险，敢于担当，勇于负责，善于开创。

历史的道路不平坦

> 历史的道路不是涅瓦大街上的人行道。它完全是在田野中前进的，有时穿过尘埃，有时穿过泥泞，有时横渡沼泽，有时行经丛林。
>
> —— [俄] 车尔尼雪夫斯基

无论你做什么，都要让乐趣成为生活的组成部分。当你把乐趣纳入你所做的每一件事中，并让它成为一个习惯时，你就会感到生活充满乐趣。

名将有时是被无名小卒打败的，因为轻视无名小卒，不了解、不研究他，在对阵时出乎意料又束手无策，便遭败局。所以，任何时候都不能轻敌。

人要有高雅兴趣和爱好

一个人要有自己的高雅兴趣和爱好。在自己的心灵深处，始终给自己留一点纯粹的、美丽的空间和梦想。如果你的职业恰好是你所喜欢的，那当然非常好；但如果它不是你所喜欢的，也没有关系，把该做的做好，剩余的时间交给自己的心灵，交给自己的兴趣爱好就是了，长期坚持定会有所成就。

好些事情是应该尝试一下，因为你无法知道，什么样的事或者什么样的人，将会改变你的一生。

做事，你必须很努力，才能看起来毫不费力。

春天不来桃花不会开放

不管你多么盼望，春天不来桃花不会开放。不管你多么焦虑，转机不来事物不会转化。当机会来临时，不要哀叹生不逢时，要努力积蓄实力；当机会乍现时，不要木然熟视无睹，必当敏锐捕捉，以才智促成事物的发展。

邓小平说："我们的事业总是要求精雕细刻，没有一样事情不是一点一滴的成绩积累起来的。"做任何事情，都要认真细致，不能急于求成。

当你处在逆境时，必须在逆境中努力做到最好，这样，情况往往会迅速好转。如果你试图逃避，情况会越来越糟糕。

有时做某些事情，你看得太明白，往往会失去做事的勇气。

一个人做事的能力，不只是他一个人的时候能做什么，还包括他能通过别人做什么。

做事要有度

创业者的乐趣就在于把人们认为理所当然的事变革一下，把人们向往的奇迹和希望变为现实。

工作压力适量可以让人挑战自我，而超越极限则会让人苦不堪言，还会损害身心健康，导致工作效率下降。当工作已经损害到生活的完整性时，那么，再多的成就，再光辉的外壳，都失去了它本身的意义。

做事先做人，把人做好了，做什么事都容易成功。

一个真心想干事业的人，就应该不被世俗的人际交往所束缚。把精力放在最有价值的事情上，寻找创造的灵感。

做事要有度。无为不是不为，而是不要为得太功利；不争不是无争，而是不可争得太势利。

做事要尽自己最大的努力。世上有许多事绝不是靠努力就能达到的，有些人努力可成，有些人再努力也达不到。但是，做任何事，只要自己尽力了，也就问心无愧。

选择了要做的事，就要把它做得最好

人的一生要做的事很多，要选择你热爱的工作去做，才会有毅力坚持下去。当你选择了要做的事，就要把它做得最好。

用快乐的心做不属于自己的事，是一种智慧。用快乐的心做自己想做的事，是一种幸福。

伟大的事情，都是由点点滴滴的事情组成的。不要轻视平凡细小的事，要持之以恒地把一件事情做好、做得非常深入。许多事情是要不断重复地做的，在必要的重复的基础上形成有价值的积累，为未来打下基础。很多人只看到别人成功的一面，而没有看到他为成功做出的积累。

做事要善于发挥自己的优势，这样就有可能取胜。如果我们不懂得适时变通，不善于观察环境外的环境，我们的优势就可能会变成"忧事"，成为我们成功的绊脚石。正所谓"成也优势，败也优势"。

简单的事，想得太深了就变复杂；复杂的事看淡了就简单。

丰富有助思考；简单便于实行。丰富的简单，能思能行，可成大业。

人的一辈子没法做太多事，所以，无论做任何事都要把它做得最好。

不要怕问题，有问题总是有解决问题的办法。人类就是在不断解决问题中进步的。

凡事不可能十全十美，做事的态度应该追求尽量完美，只要尽了最大的努力，对其结果不要苛求十全十美，十全九美也是美。

做事要适度，进退贵于当

言多必失，特别在高兴时；大话易失信，不轻诺，诺必果。

自处超然，处事断然，得意淡然，失意泰然，待人诚然，为人坦然。

人要忙一些，适度的忙，在忙中有无限的喜悦，在忙中能安身立命，忙是人生康乐的最佳营养剂。

当面对强大的阻力时，我们固然要拿出面对困难的勇气和毅力，但懂得适度绕道而行，在迂回中保持前进，也不失为大智慧。

只有心灵达到宁静、安稳的境界后，人才能够洞察事物的规律，考虑问题才能周全，处理事情才能完善。

以超平凡的心对待平凡的事，认真、专心致志地去做，定能取得成就。

一个人不但要有能力，还需要忍耐。有能力才能做事，有能力又能忍耐才能做大事，这是有能耐的人。

气不和时，少说话，有言必失。心不顺时，少做事，做事必败。说话做事要心平气和。

要有所作为，就要敢于担当，勇于实践

一个人要有所作为，就要敢于担当，勇于实践。不挑担子不知重；不下水，一辈子也不会游泳。

做事要有勇气，尤其是在遇到困难时更要有勇气。你认定应当做的事就要大胆坚决地做。托尔斯泰说："为其所应为，这样的人才是勇敢的。"

复杂事情简单做是专家；简单事情重复做是行家；重复事情用心做是赢家。做事要精心，耐心，专心。

凡事不要太尽。佛说："人不可太尽，事不可太清，凡事太尽，缘分势必早尽。"世间万事难得糊涂。

当你的才能驾驭不了你的理想目标时，就要沉下心来，好好学习，努力锻炼。

行远，必先修其近；登高，必先修其低。近不修，无以行远路；低不修，无以登高山。

今天你吃的苦，明天会变成你的能量。

能干事不是本事，不出事也不是本事；只有能干事、干成事才是真本事。

愚蠢的人，该明白的事不明白，不该明白的事却明白；该做的事不做，不该做的事却去做。

做事不能急于求成

一个人做事要执着，执着是成功所必须的；但是，前提是你的方向道路必须是正确的。

做事不能急于求成，记住，只有春天播种，秋天才能收获；不要刚刚付出一点点，马上就想得到回报。眼光要看得远些，看到未来。

生活中你想获得多少，你就得先付出多少，就像一粒种子，你把它种下去以后，经过辛勤的耕耘，付出劳动才会有所收获。

做才会拥有，舍才会得到，忍才是历练，容才是智慧，静才是修养。

人生处世的正确选择应该是：要审时度势；趋利避害；先易后难。

《史记》中说："能行之者未必能言，能言之者未必能行。"我们要努力做到既能说又能做，而且要言行一致。

凡事不求十分，只求尽心；万事不讲圆满，只求尽力。

用心做自己该做的事

世界很大，个人很小，没有必要把一些事情看得那么重要。有些事情，你尽心尽力了，无论结果如何都不要太计较，用心做自己该做的事，不要过于计较别人的评价。

眼界，注定人生的格局；格局，注定人生的命运。眼界有多宽，心境就会有多宽。

使你工作做得更好的方法：

1. 评估每一件需要做的事情，分清轻重缓急。

2. 限制短期目标的数量，做好计划，合理安排时间。

3.找出自己的工作循环及规律。

4.创造、修正、再次运用，成为自然而然的习惯。

5.强化自己的意志力，专注，认真，耐心，坚持到底。

做事，不需要人人都理解，只需尽心尽力；做人，不需要人人都喜欢，只需坦坦荡荡。

大其心，容天下之物；虚其心，受天下之善；平其心，论天下之事；潜其心，观天下之理。

找到自己喜欢的事，每天做那么一点点，时间一长，你就会看到自己的成果。

老子说，万物生于静而归于静。只有平心静气处理好事情，平心静气全方位的分析，才能掌控局面，按照自己的计划前行。

要学会坚强

我们讲奋斗，需要有不屈不挠、勇往直前的精神；有时，也需要有灵活性，在困难面前保持实力，适时改变策略，或重新开辟新的战场去应对，不要一条道走到黑，这才是明智的。

如果你想独立，那就要学会坚强。真正的强大，并非看你能做什么，而是看你能承担什么。

做事，结果比动机更为重要。在现实生活中，人们常常以动机来判断某项行为的好坏；但经济学家却认为，即使一项行动的出发点是利己的，只要它的结果是利人的，那么这项行为就符合市场道德，值得肯定。相比之下，那些利人动机导致损人后果的，要尽量避免。

急事，慢慢地说；小事，幽默地说；没把握的事，谨慎地说；没发生的事，不要胡说；做不到的事，别乱说；伤害人的事，不能做。

要想有所成就，就必须做困难的事。困难的事往往是机会所在；只有勇于做困难的事，你的才干才能提高。困难是人生的财富，当你回首往事，那些让你终生难忘的、值得怀念的人生重要经历，往往都是那些曾经让你觉得困难的事情。

要做大事，就要有大格局

　　要做大事，就要有大格局，也就是说要有大胸怀、大抱负、大气魄、大视野。一个人心中格局的大小，决定其能否做大事。

　　杨绛先生说："如要锻炼一个能做大事的人，必定要叫他吃苦受累，百不称心，才能养成坚忍的性格。一个人经过不同程度的锻炼，就获得不同程度的修养，不同程度的效益。好比香料，捣得愈碎，磨得愈细，香得愈浓烈。"

　　最伟大的真理常常是最简单的真理。因为任何基本的东西都是简单的。宏伟事业的核心是简单的，人类文明的根基是简单的，一切创造的起点也是简单的。

　　在这个世界上，你不可以忽视任何一个微小的事物，因为往往任何一些微小的东西，很可能就是改变大局的触发点。量变引起质变，量是决定一切的根源。

小胜靠智，大胜靠德

　　世间真正的高手是能胜而不一定要胜，有谦让别人的胸襟；能赢，而不一定要赢，这表明他很善解人意。

　　真正的耳聪是能听到心声，真正的目明是能透视心灵。看到，不等于看见；看见，不等于看清；看清不等于看懂；看懂不等于看透；看透，不等于看开。

　　《孟子》中提道："人有不为也，而后可以有为。"聪明的人，心里都有一条红线，知道哪些事该做，哪些事坚决不能做。

　　小胜靠智，大胜靠德，厚积薄发，气势如虹。只懂追逐利润，是常人所为；懂得分享利润是超人所为。

　　真正能成就人生的事业，应该是你力所能及，适合你干的事。

　　若是你的兴趣点，那你干起来就会有忘我精神，对你所从事的事业就会充满热情。

一个人要成事，就要有能力、动力和定力。能力是干事的基础，决定你能干什么；动力是干事的条件，决定你想干什么；定力是干事的保证，决定你敢或不敢做什么。三者具备则决定你能做成什么。

做事要有眼力

生活，需要我们有耐心，静下心来精雕细刻，以匠人精神，日复一日，年复一年精益求精地钻研和孜孜不倦地实干，逐步实现完美的飞跃。

一个人能干是一种素质，能和他人相处、善于团结他人是一种境界，而能忍耐住一时的委屈、不公和痛苦则是一种修炼。能干、能处、能忍好比三个大的阶梯，跨过去了，便能顺利地往前走。

做事要有眼力，眼力是一个人分析、观察、思考问题的眼光和视角。能不能独具慧眼，入木三分、见微知著，就看眼力是否犀利、敏锐和独到。

一个人的使命感、责任感来源于对所从事的工作意义和价值的认识，是干好事业的动力源和必需的精神状态。

遇到关系紧张、矛盾尖锐之事时，要学会冷静处理，给对方思考的时间，给自己回旋的空间，这是一种解决问题的务实眼光、坦然姿态。

在你最困难、最低谷的时候，记住这句话："当你处在最低谷的时候，无论往哪个方向都是向上的。"坚持努力就能成功。

聪明人做事

管理始终为经营服务，管理做什么，必须由经营决定。"经营"是选择对的事情做；管理是要把事情做好。

人们都知道，两点之间直线最短，于是设定了工作上的目标，闭着眼睛笔直朝着目标努力；但是，在勇往直前中，往往撞得头破血流。其实，虽然两点之间直线最短，但世界上还存在"最速曲线"，顺势而行，借力发挥，才能让自己更快前进！生活就是这样，不是看起来离目标远就真的会慢很多，只要选对了路，一切都为时未晚。

聪明人做事尊重对方、坚持原则，懂得适当妥协、适时调整、持之以恒、愈挫愈坚、重诺守信、重情重义，领导力强、忘却恩怨、自信自强。

低调做人，你会一次比一次稳健；高调做事，你会一次比一次优秀。

有望得到的要努力；无望得到的别介意。

再烦也别忘记微笑；再苦也不忘坚持。

成功的时候，不要忘记过去；失败的时候不要忘记还有未来。

事业有成的人的共同特征

一位老和尚问小和尚："如果你前进一步是死，后退一步则亡，你该怎么办？"小和尚说："我往旁边走。"这告诉我们，当你遭遇两难困境时，换个角度思考，也许就会明白，路的旁边还有路。

无论在机关单位还是企事业单位，事业有成的人，以下这些能力是他们的共同特征：（1）逆向思维能力；（2）换位思考能力；（3）极强的总结能力，对问题善于分析、归纳、总结；（4）文书编写能力；（5）善于信息资料收集；（6）制定方案的能力；（7）调整目标的能力；（8）自我恢复能力；（9）书面沟通的能力；（10）单位文化的适应能力；（11）岗位变化的适应能力；（12）客观对待忠诚的能力；（13）积极寻求培训的机会；（14）勇于接受分外之事的能力；（15）高效、敬业和忠诚的职业精神。

当然，你有了上述能力，不能保证一定能马上成功；但如果在工作中不去培养这些能力，那肯定是无法获得真正的成功。

一个人的工作，只有付出大于得到，让老板真正看到你的能力大于位置，才会给你更多的机会，替他创造更多的利润。

抱着自己10公斤重的孩子，你不觉得累，是因为你喜欢；抱着10公斤重的石头，你坚持不了多久。所以一个人工作没有成绩，不一定是他没有能力，很可能是因为他不喜欢这工作。

聪明智慧，是做事之必需

能从事自己喜欢的工作固然好，但往往由于各种原因无法实现；所以，认识你所从事的工作的价值与意义，是获得幸福感的重要方法，我们每天都有权利选择自己的心情。

人生要有所成就，懂得适时的低头，就会多一份韧性、多一份成熟。低头处事，昂首做人，是一种人生智慧。

能够发现自己的优点，是聪；能够发现别人的优点，是明；能够学习别人的优点，是智；能够利用别人的优点，是慧；聪明智慧，是做事之必需。

做事，小胜靠力，中胜靠智，大胜靠德，全胜靠道，道乃德、智、力之和。

人生需要两项本领：做事让人感动；说话让人喜欢。前者是成功之路的垫脚石，后者是人际交往的润滑剂。

人总有一种等待，有等待才有希望。等待的方法有两种，一种是空等，另一种是边等边干。边等边干，是一种寻求中的意志磨练，一种耐力和勇气的表现，一种坚毅乐观的行动。

努力是奇迹的另一个名字

智商高，情商低，往往怀才不遇；智商低，情商高，常有贵人相助；智商高，情商也高，通常就会春风得意。

你若想得到这世界上最好的东西，先得让世界看到最好的你。如果你想好了怎么走，世界会给你让路的，只要你努力，努力是奇迹的另一个名字。

不要被不重要的人和事过多的打搅，因为成功的秘诀就是抓住目标不放，而不是把时间浪费在无谓琐事上。实现自己的价值最好的方法是放空小事，素简前行。

　　善于借助外力，事业才有支点。阿基米德说："给我一个支点，我可以撬起地球。"做成任何事业都需要一个支点，这个支点就是借助外力。

　　一个人的努力，是加法效应，一个团队的努力是乘法效应。

冷静处事是一种智慧

　　踏着别人的脚步前进，超越就无从谈起。做回自己、勇于创新是不二的选择。

　　践行自己的承诺，并且争取做得最好，一个勇于兑现承诺的人是有心力之人。

　　遇事别冲动。某人得一紫沙壶，非常宝贝，每夜都放在床头。一次失手将紫沙壶盖打翻在地，甚恼。他想，壶盖没了，留着壶身有何用，于是，抓起壶身扔到窗外。天明，发现壶盖掉在棉鞋上，无损。恨之一脚把壶盖踩得粉碎，出门，见昨晚扔出窗外的茶壶，完好挂在树枝上……这告诉我们凡事不要急，要等一等，看一看，缓一缓；学会冷静处事也是一种智慧。

　　做不来的事情，不要硬做，换个思路，也许会事半功倍；拿不来的东西，不要硬拿，不然，即使暂时得到，终究会失去。

　　当你遇到一件事情已无法解决时，也许换个方法，换个角度，换个思路，事情会简单许多。

要处理好事情，先要处理好自己的心情

　　做事，成也罢，败也罢，莫以成败论高下。尽力奋斗是英雄，成也潇洒，败也潇洒。

　　人要有两种素质：一个是本分，一个是本事。做人靠本分，做事靠本事。做人不怕吃亏，做事不怕吃苦。

　　一个人要有理想，也要有毅力。有了这两个翅膀，才能飞得高，飞

得远。只有把兴趣与事业变为一致，才能使你的潜力最大限度地得以发挥。

你的内心改变了，你的世界也就会跟着改变；要处理好事情，先要处理好自己的心情。

《大学》说："知止而后有定，定而后能静，静而后能安，安而后能虑，虑而后能得。"这里所说的"止"，不仅是一种理想目标，也是一种底线要求。

能干事，干成事，不出事才是真本事。有的人不动声色干成事，有的人忙忙碌碌不成事，有的人大轰大嗡干出事。

忙是一种内心的感受，而非事情本身。当你以一种享受、安静的心态，耐心专注去做事时，你是不会感到累的，相反，你会觉得是一种享受。

大事难事，看担当

大事难事，看担当；逆境顺境，看胸襟；是喜是怒，看涵养；有舍有得，看智慧；是成是败，看坚持。

能力、本事和能耐是决定我们生活质量的三个要素。成功或者失败，在很大程度上取决于"能耐"。

干任何事情都要有决心、恒心和耐心，要有执着追求的精神，这是我们成就事业的关键，否则将一事无成。

最难做的不是难事，而是坚持。

做事真正的高手，往往先处理心情，再处理事情；先分析心态，再分析事态。凡事都要冷静对待，平静地处理。

做事，大事不糊涂，小事不计较，这是明智的。对人表里如一，真诚相待，讲诚信。

做人处世，一切都要能承受得起，心胸开朗，凡事看得高，看得远，不被眼前的得失所蒙蔽。

要容得下各种事

我们做事，往往受到惯性思维和方式的影响，使许多事情变得难以解决。如果打破这种思维方式，改为"从结果到方法"的思维方式，可能会把事情做得更快更好。

做事，要思考什么是真正重要、有价值的事情，针对这些事情，自己可以做些什么，做好这些事的过程中，可以更好体现自己的价值。

凡事顺其自然，遇事处之泰然，得意之时淡然，失意之时坦然，艰辛曲折必然，历尽沧桑悟然。

做事，不是会才去做，而是因为做了才能会。不是你有了条件才能成功，而是你想成功一定要去创造条件。

要容得下各种事，易事认真办，苦事用力办，好事往更好的方向去办，窝囊事要理智去办，最重要的是要认认真真、踏踏实实、勤勤恳恳做好每一件事。

动力，决定你想做什么；能力，决定你能做什么；定力，决定你敢不敢做什么；三者皆备，决定你能做成什么。

做事要有眼力、魄力和毅力

如果能用好的想法说服人、感染人，让人信服、佩服，那叫真本事，真智慧；如能把这些想法变成具体的行动，付之于行，见之于效，那便是大本事，大智慧了。

做事要有眼力、魄力和毅力。有眼力才能使自己心明眼亮，能够超越常人；有了魄力就能抓住稍纵即逝的机遇；有了毅力就能坚持再坚持，直到成功。

一只站在树上的鸟儿，从来不会害怕树枝断裂，因为它相信的不是树枝，而是它自己的翅膀。人与其担心未来，不如努力现在。成功的路上，只有奋斗增长才干，才能给你最大的安全感。

无论你从事任何职业，要做出成就，就必须有崇高的职业精神，要敬业、精业、奉献。敬业是前提，精业是基石，奉献是目的。

做事要适可而止

好事多磨，经过磨难的好事，会显得分外甘甜。

心态好，做事顺利；好的心态，能激发人的最大潜能。

无论做什么事，都要掌握一个度，木头烧过了不叫炭，而叫灰；聪明的人懂得乘风而上，大智的人懂得适可而止。

聪明的人知道自己能做什么；而智者明白自己不能做什么。聪明人能把握机会，知道什么时候该出手；而智者知道什么时候该放手。因此，拿得起的是聪明，放得下的才是智慧。

只要你有信心、勇气和毅力，就一定能做成事。

一个人要有为有不为，知足知不足；锐气藏于胸，和气浮于面；才气见于事，义气施于人。

做事适度变通，学会与人合作

当你遇到一件无法解决的事情时，不妨换个思路，换种方法；应该想到不是路走到尽头了，而是该转弯了。

处理一件事，一定要看时机，看主体，一定要有前提。很多事情就是需要从不同的角度去思考，才能解决。有时换个角度思考，结果也许就会大不一样。

我们做任何事情既要坚持原则，但有时也要适度变通。当然，一定要先有坚持，如果没有坚持，随意就变通，那是随风倒，是没有原则。坚持原则之后，还能通权达变，那就是一种智慧。

一滴水，风可以把它吹干，土可以把它吸干，太阳可以把它蒸发，要想它不干枯，只有让它融入大海。一个人无力独撑天下，要想获得成功，就得学会与人合作。

路在脚下，更在心里

把弯路走直的人是聪明的，因为找到了捷径；把直路走弯的人是豁达，因为可多看几道风景。路在脚下，更在心里。

为什么赢字难写？因为它的背后包含太多方面的努力。"赢"由五个汉字组成：亡、口、月、贝、凡，包含着赢家必备的五种意识或能力。亡：危机意识，必须随时了解和掌握环境的变化。口：沟通能力，既有好的表达能力，也要有好的倾听能力。月：时间观念。贝：取财有道。凡：平常心态，从最坏处着想，向最好处努力，争取目标成功，度量要大，眼界要宽。

要成功需要朋友，要取得巨大成功，需要敌人。有竞争才有发展，因为有了敌人的存在，因为有了不服输的决心，才会努力做好自己的事情；所以，有时，敌人比朋友力量更大。

做事必须调整好心态

一只老鼠要与一只狮子决战，狮子果然地拒绝了。老鼠说："你害怕了吗？"狮子说："如果答应你，你就可以得到曾与狮子比武的殊荣，而我呢，以后所有的动物都会耻笑我竟和老鼠打架。"一个人若想有所作为，就不要被不重要的人和事过多打搅，要抓着目标不放，不要把时间浪费在无所谓的琐事上。

不要把今天的事拖到明天做，如果总是这样，有一天，你会有很多事要做，那就做不完了。

事事顺心时，勇气也来得容易；但是，当遇到艰难困苦时，勇气就变得弥足珍贵了。

心不顺时莫做事，做事必败；做事必须调整好心态，才有成效。有信心、毅力和勇气，加上你的智慧，那天下就没有做不成的事。

做事，主要靠自己

做事，主要靠自己，你若强大，困难就是小事；你若勇敢，危险也能无视；好好努力，靠自己闯出一片天；好好坚持，靠自己赢得万人颂。

一个人要取得成功，始于立心，也就是立志，立下方向；得于人和，做事讲究的是人和；顺于天道，民心就是天道，得道者多助，失道者寡助；成于勤勉，勤能补拙，付出一份辛劳，才能有一份收获，勤勉刻苦，不断积累，才能厚积薄发。

人类智能最伟大的特质是创造力，创造力是人类文明进步的根本动力。创造力是由人的智力、知识以及人格等多种因素组成，是产生新思想、发现和创造新事物的能力。

凡事要掌握分寸，做事做到恰到好处，适可而止，这是人生的一门学问。

人应该通过经历各种事情的磨练，才能立足沉稳，才能做到无论处于何种情况，都能保持心中沉定的境界。

明白自己能做什么

做事能真正坚持到最后的人，靠的不是激情，而是恰到好处的喜欢和投入。

一个人，一定要清楚地认识自己，明白自己能做什么，这比自己想做什么重要得多，给自己设置一个现实的疆域，尽力而为，勤奋努力，这是最重要的。

在事情没有成功之前，不要在人前谈及任何有关的计划和想法，世界不会在意你的自尊，关注的是你的成就。

奋斗，就是每一天都很难，可经过奋斗的日子，却一年一年变得越来越容易；不奋斗，好像每天都很容易，可是往后就是一天比一天的艰难。

《老子》："天下难事，必作于易；天下大事，必作于细。"在一定条件下，细节往往决定成败，图大者，当谨于微。

当你遇到困难或迷茫时，记住泰戈尔告诉我们的："不要着急，最好的总会在最不经意的时候出现"，"离你越近的地方，路途越远；最简单的音调，需要最艰苦的练习"。

要能容事，凡事皆能装心中，一丝不苟地去办

努力不是埋头蛮干，它应该有方向、有方法，有出发点、有抵达处，有情怀、有智慧。努力不是为了要感动谁，也不是为了给谁看，而是为了实现自己的崇高理想。

要能容事，易事、苦事、难事、好事、窝囊事，凡事皆能装心中，一丝不苟地去办。易事认真办，苦事用力办，难事用心办，好事朝更好的方向办，窝囊事要理智去办。

要学会用平和的心态看待一切，学会安静，学会思考，学会感悟；小机会往往显露在外，而大机会常常深藏于表象之下；大机会是留给平和心态者的礼物。

学会"欲成事者须要宽容于人"，这样不仅可以与人和谐相处，也可以暗蓄力量、悄然潜行，在不显山不露水中成就事业。

第七章　人生的才能

会做人又会做事的人才能做领导者，做领导还要有领导的才能。

领导者要有大格局的思考

领导者要有大格局的思考，才会有智慧，才会产生大格局的政策。拥有大格局思考的人，不仅想到自己，也想到别人；不仅想到"受"，也想到"给"；不仅注重现在，也注重将来；不仅改善这一代的百姓，也要惠及下一代的子孙。

领导者更要学会学习

领导者更要学会学习，领导力意味着贯穿一生的学习过程。正是通过学习，我们才变得更加注意反观自身，注意身边的世界和急需解决的问题。学习应当被看作是不断提升自我的过程，学习的本质，应该是一种自我的不断升华。

成功的领导要有实力与领导力

成功的领导者，必备素质就是实力与领导力。也就是说，领导者既要具备战略思考能力、组织管理等实力；同时，还需充分发挥领导才能，激发下属的工作热情，让所有成员团结在自己周围，齐心协力地工作。

做，永远比说重要

做，永远比说重要。能够真正为领导者带来声誉和名望的是其实际行动。人们对领导者领导力特质的考量，不仅仅是看他如何应对危机、如何面对压力；这种考量实际存在于领导者所做的任何一件事中。领导者平时工作生活中的一点一滴更能向人们展示他真实的一面。

领导者行为要前后一致。保持行为的前后一致，首先意味着对自己所信奉的原则矢志不渝的践行。领导者保持行为前后一致是赢得人们信任和尊重的法宝。

领导力量的真正来源

富有领导艺术的领导，一般都没有官架子。

所谓"领导"，实质内容是"引领、指导"。领导者的领导作用实质上是指在思想上的引领，方向上的指引，方法上的指导等。民主主义领导观念与专制主义领导意识有着本质的区别。专制主义领导意识是以权力为核心的；而在现代民主政治体制中，政治权力只是实现领导作用的条件，而不是领导活动的核心或者实质。领导力量的真正来源，是领导者思想的吸引力，是他的精神影响力，是他的受公众欢迎的引导能力。

领导者就必须承担责任以及组织的约束

领导者更需要做出牺牲，杰拉德·布鲁克斯说："当你成为领导者时，就失去了为自己打算的权利。"当你没有责任的时候，可以做许多自已想做的事。一旦有了责任，你所能做的事就有了越来越多的限制。你承担的责任越多，你可选择的余地就越少。你担任了领导职务，就必须承担责任以及组织的约束。

发挥人的长处

要发挥人的长处，不但要发挥自己的长处，也要帮助上司发挥其长处。若能在帮助上司发挥长处上下功夫，协助他做好想做的工作，便能使上司有益，下属也有益。

领导者行为的影响

领导力关乎行动力。一个领导者只有采取行动才能把事情做好。行动本身也是一种沟通交流的方式；行动要传达正确信息，领导者通过一定的行为方式向组织传达自己的观点和价值观，使得组织沿着你希望的方向进行。领导者的行为方式还是塑造组织文化的一个重要工具。

做事，尤其是遇到重大的事或大困难时，一定要多谋善断。谋是基础，要与各方面多商量、多听取意见；只有多谋，才能善断。谋的目的，就是为了断。

领导者要同时兼具"举重若轻"和"举轻若重"这两种工作方法，的确很不容易。但作为一个领导班子来说，却必须同时具有，缺一不可。在进行战略决策或解决重大问题时，必须有"举重若轻"的方法和气势，方能增强信心，当机立断，否则就可能迁延不决，贻误时机；而在决策以后，确定具体战术和具体措施时，则必须处处注意"举轻若重"，方能周密细致，扎实稳妥，否则就可能出现疏漏，招致失误。能否善于掌握和运用这两种工作方法，是衡量我们工作中领导水平和领导艺术的一个重要标志。

领导力就是服务力

领导者要关心下属的利益，助人发展。如果领导不能照顾下属和团队成员的利益，而使人感到没有发展前途，那领导者也就不可能实现其领导目标。

领导决策要简约化。决策有策与决的问题，策是基，多一点策就多一点民主，群策群力，少一点决更有权威。轻易不做决策，一做决策就坚决贯彻。

管理的机制要创新，管理的要点、重点是理，而不是什么都管，要先理后管，多理少管，要讲科学。

领导者要顺应隐化的大趋势，领导力就是服务力。领导隐性化就是让下级尽量感觉不到你在领导、管理，但他恰恰接受了你，如春风化雨，润物无声。

卓越领导的特点

卓越领导的特点：一是坚定的意志；二是谦逊的风格，更柔、更会沟通；三是超优的绩效，业绩、效率、效能都超越别人；四是高超的领导艺术，不知不觉地跟群众打成一片。

领导者必须具备的一种基本能力是适应能力，它蕴含了洞悉处境，甄别和抓住机会的能力，也包括了人们在遭遇人生重大挫折和损失时所具有的自我调适能力。

适应能力往往是领导者取得成功的关键。无论在任何情况下，成功的领导者都会从自己的遭遇中获得对自己有利的东西，能从严酷的考验中汲取人生的智慧。

当你与一群人一起工作时，高预期值是取得成绩的先决条件。高标准及对未来有乐观的期待不一定能确保你带来好的结果，但缺少这两样东西却一定不能为你带来好的成绩。

在做某一件事情之前，你必须认识到参与者各怀不同动机，认识到这一点是促使他们积极付出的第一个基本步骤，你必须创造一个机会，让所有的人都看到成功的希望，不论他们持有什么样的动机。

好好选择你的同伴，给予他们完全的支持，授予他们在义务和职位上的权力，他们就会取得比依靠你个人所取得的更多更大的成绩。

领导力的实质在于影响力

心理学证明：人的思想、言论和行动，都由心所决定。而其成败，则基于信心是否坚定。如果心思端正，态度坚定，大致能顺利完成任务。所以，领导者要善于激发员工自动自觉地凭良心做事做人。

领导力的实质在于影响力。有无影响力，是衡量领导力是否存在的根本标准。而影响力不是单向的，领导者的影响力是存在于被领导者心中的，是被领导者对领导者的一种认可程度。领导者的权威不是来自上级的授予，而是来自下级的认可。

领导与被领导的相互影响是领导力的核心。为提升领导力，必须注重构建良好的上下级关系。领导力是领导者和被领导者共同造就的，是领导与被领导的合力。

领导者要塑造人格魅力，以德结缘；要锤炼率众能力，以才结缘；要培养宽广胸襟，以诚结缘。

能"领导自己"的人，才可能成为现代社会真正期盼的领导者。知道领导自己的"激情的领导"，不需要刻意去领导别人，他人自会主动追求而来。

柔性领导力

在现代管理中柔性领导力显得越来越重要，刚性领导力主要是依据职权、规章制度和科层体制发挥作用，而柔性领导力则主要依靠非职务的影响力发挥效用。是以非强制性方式，唤起被领导者的心理响应，变领导者的意图和组织目标为被领导者的自觉行为的领导力。

刚性领导力和柔性领导力往往相得益彰。领导者要在不同时期根据不同的领导对象和领导环境，刚柔相济，以人为本，可以事半功倍，提高效益和效率。

柔性领导力的提升引起领导方式的转换，其转换特点：一是服务性领导理念的强化；二是协调领导理念的强化；三是权力平等理念的强化；四是个性领导方法的强化；五是集体领导方式的强化。

信任下属，充分授权

当下属失败时，领导者要好好想想"不是失败，是在学习克服失败的方法"。要鼓励下属再接再厉。如果领导者越是强调下属的失败，下属就越容易逃避承担风险大的、富有挑战性的工作。

杰弗瑞·菲佛教授说："最好的领导者虽然负责指导工作和带领团队，但下属们却意识不到他的存在。"最好的领导者非常清楚地知道什么时候应该介入下属的工作，什么时候应该袖手旁观，懂得维持两者之间的平衡。

时间是领导人最宝贵的财富，而充分授权最大的益处就是为领导人争取到额外的时间，把工作交给适当的下属，让自己完成更多领导人应该完成的工作。

完美充分的授权分工是什么样的？面对分派到手上的工作，每个人都恨不得每天泡在工作里，觉得不但能发挥所长，还能借此提升自己的知识水平。在这样的心态下，每个人必定卖力的工作，团队效率和工作质量自然会有惊人的提高。

要有学识、见识和胆识

学识决定底蕴，见识决定水平，胆识决定气魄。作为领导者要有渊博的知识、广博的见识、过人的胆识；同时，还更应具有将"三识"运用于实践的工作能力。

增学识，贵在强调一个"真"字。要下真功夫、用真力气。增见识，贵在重视一个"思"字。要勤思考、善思考，才能透过现象看到事物的实质。增胆识，贵在克服一个"私"字。心底无私的人，不会患得患失，更不会躲避矛盾，而是勇于担当和甘于奉献。

提升领导力

领导者要不断提升领导力。提升领导力不能只注意"工具意义"上的领导力，更要重视"价值意义"上的领导力。工具领导力是具体的、局部的、眼前的；价值意义的领导力是具有宏观的、全局的、长远的、彼此协调的、共生共融的领导力，在实现局部目标的同时对全局的利益有推动作用，这就是价值意义的领导力。

关于领导力的研究，国际上提出了权力的五种类型，划分为：强制型的权力、诱惑型的权力、合法型的权力、合格型的权力和个人型的权力。

怎么让别人服从，不听话就要吃苦头，这就是强制型的权力；还有诱惑型的权力，当然这是低级的；高一级的应该是合法型的权力，让别人自觉服从，不是因不服从要倒霉，也不是服从了可以有好处，而是觉得应该服从你；再提升一步就是合格型的权力，有专业的知识技能，让别人觉得应该听你的话；还有就是个人型的权力，一个人很有魅力，别人也会服从你。

人格魅力是领导干部人品、气质、能力的综合反映，也是领导干部所应具备的公正无私、以身作则、言行一致优良品质的外在表现。

领导者要提高文化领导力

我们要有文化自觉与文化自信。所谓文化自觉，是指生活在一定文化历史圈子的人对其文化有自知之明，并对其发展历程和未来有充分的认识。所谓文化自信，则是指一个国家、一个民族、一个政党对自己的理想、信念、学说以及优秀文化传统有一种发自内心的尊敬、信任和珍惜，也就是对自身文化内涵和价值的充分肯定。

领导者要提高文化领导力。文化领导力是一个体系。从领导个体层面，可将文化领导分为领导意识形态、领导精神、领导价值观、领导心理、领导形象、领导魅力等。文化领导力的构成因素决定了文化领导力即是领导者的价值观念、道德品质、人格魅力、精神风貌等所表现出来的柔性的文化力量。

伟大的事业根源于坚韧不拔的工作

孙中山说："凡百事业，收效愈速，利益愈小；收效愈迟，利益愈大。"要干大事业，不能急于求成，只有长期艰苦努力奋斗，才能取得大的成就，伟大的事业根源于坚韧不拔的工作。

发挥优势才能取得卓越成就

一个人不是通过克服自己的弱点来取得成就的。只有最大限度地发挥自己的优势，才能做出卓越的成就。历史上许多成就斐然的人虽然有个人的缺陷，但他们又有某方面的超常天赋，正是发挥这些天赋才取得惊人的成就。

要想将自己的潜能发挥到极限，就要找到能够激励自己的机遇，同时又能最大限度地利用自己的强项。如果你对某件事情感兴趣，却又没有足够的能力的话，那也不可能有所成就的。一旦找到能够将自己的能力与动力相互融合的领域，你就会发现自己的兴奋点，并且将自己的潜能充分地发挥。

要把握动力的平衡

一个人要有动力，包括外在动力和内在动力。而内在动力是来自你内心深处的，比外在动力更加微妙、更为重要。要把握好外部动力与内部动力之间的平衡。

领导力的最终决定力量

道德上的完善不仅可以帮助一个人成为合格的领导者，这同时也是一种有效的领导方式。只有真诚和正直才是领导力的最终决定力量。

要认识自己

认识自己非常重要，认清了自己可以让你的人生指针变得稳定，找到更加合适自己的位置；接受自己则可以让你内心力量变得更加强大。这样，就可以集中精力实现自己的价值和人生目标。

良师益友珍贵

一个人要有良师益友。好的导师不仅能让指导者与被指导者彼此相互学习，形成相似的价值观，而且会让彼此享受整个过程。最好的导师会把被指导者的利益放在自己的利益之上。他们之间的关系可以发展成为坚固的个人友谊。

红杉树是森林里最高、最强壮、最长寿的树。我们要交上几个能够患难与共的好朋友，像红杉树一样的友谊就是非常宝贵的。

诚恳待人才能赢得信任

要别人尊重你，你首先要尊重别人，平等待人。人们总会尊重那些能够平等对待自己的人，尤其是那些本身已经获得巨大成就的人。

一个人身上最重要的东西就是他的价值观，诚信始终是所有人所必需的价值观。一个人如果没有诚信，就不可能得到他人的信任。

勇于授权，发挥潜力

真诚领导的真正含义在于授权。如不能激励下属发挥最大的潜力，怎么能够释放整个组织的潜力呢？领导者个人的能力再大也是有限的，必须意识到，在整个领导过程中，最重要的并不是你。领导的关键在于学会为自己团队成员提供服务。

领导风格的选择

领导风格有多种类型，真诚领导者会在不同的情况下考虑使用指令型或专家型领导风格，但他们经常采用的还是参与型、教练型、共识型以及合作型风格。他们还善于根据各种不同的环境调整自己的风格，更好地适应自己所面对的环境以及发挥出队友们的作用。

领导者的成就在于认识自己，并始终朝着自己的领导目标努力，实行真诚有效领导，使这个世界因为他的领导而变得更加美丽。

心中的目标

你可以不登山，但你心中一定要有座山。它使你总往高处攀登，使你总有个奋斗方向，使你抬起头来看到自己的希望。

客观地看事物

看事物有不同的角度，看你站在什么角度来衡量你所面临的一切。其实，有时事物并没有改变，改变的只是我们的心情和角度，而事物就不一样了。

老子的《道德经》是人类最古老、最系统的大成智慧学著作。德国哲学家尼采说："《道德经》像一个永不枯竭的井泉，满载宝藏。"

平民领导力

领导学理论的发展，经历了一个从英雄领导观向平民领导观转化的过程。所谓平民领导力，即扎根于人民群众中的领导力，其实质是眼睛向下，即着眼于被领导者，尊重广大民众。平民领导力具有柔性领导力的基本特征：柔性领导力的实施具有两个重要环节，一是率先垂范；二是共启愿景。践履平民领导力最根本的条件在于确立群众观念，贯彻群众路线。

成功的领导

成功的领导最重要的是用人的成功。领导的最重要职责是发现、使用、爱护和培养人才；领导要把50%以上的工作时间花在选人用人上。要善于让合适的人做合适的工作，这是取得事业成功的关键。

一旦工作出现问题，领导要勇于承担责任，不要怪罪员工，要分析问题所在，做必要的修补，继续努力。

美国鲍威尔说："好的领导只是确立前景、任务和目标，而伟大的领导会鼓励各级下属内化自己的目标，明白只有在工作的各个细节贯彻实施这一目标，目标才有可能实现。"

领导者要勇于纠正自己的错误，鲍威尔说："没有勇气当场纠正细小的错误或缺点的领导，也不用指望他能有勇气在大是大非前挺身而出。"

如何对待下属

如何对待下属？鲍威尔说："领导到了一个新的单位一定要相信属下，除非你有不能信任他们的依据。你信任他们，他们就会信任你，这种联系上下关系的纽带会随着时间的推移而加强。他们会努力工作以确保你圆满完成任务；他们会保护你、支持你。"

"领导和下属要保持一定的距离，下属就是下属，是你的部下，不是你的哥们儿。如果你跟他们没有了区别，如果你不让他们清楚自己能干和不能干什么，他们就不要你来领导了。"

领导性格决定了领导职能的发挥

领导者的性格意义极大。领导者性格是其动机的引擎，也是其处事方式或管理风格的成因；领导性格决定了领导职能的发挥。

领导者必须善于控制情绪，因为领导的情绪会影响所有的下属。领导者必须让下属相信，无论情况多么糟糕，你都可以扭转乾坤。

真正伟大的人往往能主宰自己的情绪，统治自己的心灵。严格自律，管住自己，慎权慎独，自警自励。

要有宽阔的眼界，开阔的胸襟，宽广的气量

领导者要具备宽阔的眼界，开阔的胸襟，宽广的气量，才会容逆耳之言，重谋纳谏；容异己之人，任贤用能；容不顺之事，逆境奋发。才能赢

得人们的信任和拥戴，成就事业。

领导要有一种宽广的胸怀和气度，容得下人，容得下天下事。领导者的气度，从某种意义上讲，是部属心中的一座丰碑。

关于德才关系

关于德才关系司马光在《资治通鉴》中说："聪察强毅之谓才，正直中和之谓德。才者，德之资也，德者，才之帅也。"司马光认为才德全尽谓之"圣人"，才德兼亡谓之"愚人"，德胜才谓之"君子"，才胜德谓之"小人"。

世界进入人力资本时代。在现代社会，只有能把知识积累转化为实际工作中的智慧和技能的人才，才是现代化建设的适用型人才。

把服务人民群众作为自己最大的追求

领导干部要把服务人民群众作为自己最大的追求，把造福人民群众作为自身价值的最大体现。把实现人民群众的愿望作为自己最大的责任。

作风背后有理论，作风之中有感情，正是由于有不同的理念和感情，才有不同的作风。

领导者要善于聆听，听智者之言可以启迪智慧，听批评之言，可以反躬自省。

领导者的素质

为何唐僧可以作"领导"？还能领导孙悟空？那是因为唐僧有崇高的信念，虽然能力不强，但懂得用人，有仁德之心，具有良好的人际关系。

下属喜欢什么样的领导？一是能够在下级需要时给他们提供指导，帮助下级发展；二是行动目标明确的领导；三是敢于给员工犯错误机会的领导；四是有良好生活习惯、业余爱好和有高尚情操的领导；五是有成功经验的领导；六是懂得舍才能得的领导；七是懂得授权与控权的领导；八是公平公正的领导；九是心胸开阔的领导；十是不虚伪，表里如一的领导。

优秀的领导者都善于凝聚人才，在获得人才之后，能够引导并激发他们的潜能，而要完成这一切的基础，首先要获得人心。要做到这一点，必须发自内心的尊重人才。

管理者的十大素质：（1）处事冷静，但不优柔寡断；（2）做事认真，但不求事事完美；（3）关注细节，但不拘泥于小节；（4）协商安排工作，很少发号令；（5）关爱下属，懂得惜才爱才；（6）对人宽容，甘于忍让；（7）严于律己，以行动服人；（8）为人正直，表里如一；（9）谦虚谨慎，善于学习；（10）不满足于现状，但不脱离现实。

领导要善于用人

领导要善于用人，对敬业进取型、忠诚担当型、利他共赢型、感恩奉献型、创新型人才，要给予重用。

所谓将才，就是能够独当一面，在自己的一亩三分地里能够干出不小成绩的人才；帅才，就是能够管理众多将才，管理一个企业或"系统"的方方面面，经营井井有条，最终做出大成绩的人才。

管理是管事，领导是带人。以事为中心，对人的关注就会减少，但事情要做好，必须面对人。所以，管理者只是希望做好事情，而领导者的目标通过激励带好团队。

曾国藩的一句名言："合众人之私，以成一人之公。"一个优秀的领导人要能够把"公心"留给自己，为大家确立正确的价值追求，为大家谋利益。

最有能力的人，都有某种奇异之处，当你发现一个人与众人很不一样时，那么很可能发现了一个优秀人才。

领导用人，第一位是人品，第二位是态度，第三位是能力。人品是原则，态度是根本，能力是基础，三者缺一不可。

第八章　人生的效率

时间就是生命，珍惜时间就是珍惜生命。

时间是人生最珍贵的资源

时间是人生最珍贵的资源，而且永远是短缺的、不可替代的。人生是由时间组成，如何合理规划自己的时间，是人生头等大事。

时间对每个人都是公平的，不管谁都是每天 24 小时，就看你如何利用。然而，时间也有不公平的一面：给懒惰者留下空虚和懊悔，而给勤奋者带来智慧和力量。

谁对时间吝啬，时间就对谁慷慨。要让时间不辜负你，首先你要不辜负时间。

没有永无尽头的冬天，也没有爽约不至的春日。

分秒必争，有效地利用时间

时间是由分秒组成的，用"分"计算时间的人，比用"时"来计算时间的人，时间要多 59 倍。凡是事业上有成就的人，几乎都是分秒必争，能有效地利用时间的人。把时间积零为整，精心使用，是成功人士取得辉煌成就的奥妙之一。

必须恪守时间

要想赢得时间，就必须恪守时间，恪守时间是使人信任的前提，会给人带来好名声。恪守时间的人一般都不会失言或违约，都是可靠和值得信赖的人。一个成功的时间管理者不仅懂得如何珍惜自己的时间，而且特别珍惜别人的时间。

在有限的时间里做更多的事

如果想成功，就必须重视时间的价值。时间抓起来就是金子，抓不住就像流水。每一个成功者都非常珍惜自己的时间，能够真正主宰自己的时间，能够在有限的时间里做更多的事。

我们的生命是由时间造成，浪费时间是人生最大的错误。每一个成功者都非常珍惜自己的时间，而且也特别珍惜别人的时间。

> 对未来的真正慷慨，是把一切献给现在。
>
> —— ［法］加缪

李大钊说："虚度今日，就是毁了昔日成果，丢了来日前程。"今日之事今日毕，明日有明日的事。卓越人士成功就在于珍惜时间，每当有某种天才的、美妙的设想出现在心里的时候，他绝不会拖延，而是抓住机会动手去做。

一寸光阴一寸金，寸金难买寸光阴。把握了时间你就把握了成功的金钥匙，丢失了它，碌碌无为的一生将会让你感到恼怒与悔恨。

时间是最长的，它无始无终。就时间过去而言，不知流逝了多少；就时间的将来而论，它永无止境。然而，时间又是最短的，此时此刻你看了几行字，一分钟便消失了，深吸一口气又花了半分钟。

生命与时间紧紧相连，丧失了时间，就是丧失生命，我们每个人的时间都是有限期的，要十分珍惜。

　　　　珍惜一切时间，用于有益之事，不搞无谓之举。

　　　　　　　　　　　　　　　　——［美］本杰明·富兰克林

今日事，今日毕

　　明代文嘉写了一则《今日歌》：

　　　　今日复今日，今日何其少！
　　　　今日又不为，此事何时了？
　　　　人生百年几今日，今日不为真可惜。
　　　　若言姑待明朝至，明朝又有明朝事。
　　　　为君聊赋《今日诗》，努力请从今日始。

　　明代钱福写的一则《明日歌》：

　　　　明日复明日，明日何其多！
　　　　我生待明日，万事成蹉跎。
　　　　世人若被明日累，春去秋来老将至。
　　　　朝看水东流，暮看日西坠。
　　　　百年明日能几何？请君听我《明日歌》。

　　一天有一天的事，今日有今日的事，明日有明日的事。今日的理想，今日决断，今日就要去做，不要拖到明天，因为明天有明天的新理想与新的决断。
　　"要做，立刻就去做！""今日事，今日毕。"这是成功人士的格言。

天天有目标，时时有计划

时间统筹的第一法则是设定目标、制订计划。目标能最大限度地聚集你的时间。只有目标明确，才能最大限度地节省和控制时间。有目标，一分一秒都是成功的记录；没有目标，一分一秒都是生命的流逝。爱默生说："用于事业上的时间，绝不是损失。"天天有目标，时时有计划，这样就能珍惜自己的时间，永不浪费。

改变明天的唯一方法，就是今天做一些不同以往的事。

把最重要的事情安排在一天里你做事最有效率的时间去做，就能花较少的力气，做完较多的工作，取得更好的效果。

时间是珍贵有价值的

时间是珍贵有价值的。时间的长短决定人或事情的价值，决定着能否成功。伟大的东西是靠时间磨出来的。如果你要做一件你希望它伟大的事情，首先要考虑你准备花多少时间，时间短的绝不可能成为伟大。

我们需要更好地掌握和控制最宝贵的财产——时间，最简单而又最有效的方法是：在早晨列出今天的任务，并确定第一重要的事，逐项做好，在晚上进行总结并列出新的任务。要区分事情的紧迫性和重要性，一般来讲，重要的事情应该首先完成。决定优先顺序就是用重要性乘以紧迫性。

珍惜生活的每一天

我们要珍惜生活的每一天。因为，这每一天的开始，都将是我们余下生命中的第一天。只有懂得珍惜，好好把握，幸福才不会稍纵即逝。

你改变不了昨天，如果你过于忧虑明天，将会毁灭了今天。要紧紧把握今天，经营好今天，才可以塑造美好的明天。

如果把本应昨天做的事放到今天来做，便会贻误良机；把本应该明天做的事放到今天来做，又会欲速而不达。还是今日事，今日做为好。

人生中最好的投资

把时间分给值得爱的人，是人生中最好的投资。

人似乎不能太忙碌，太忙碌便会觉得日子短暂得可怕；人似乎不能太悠闲，太悠闲便会觉得日子漫长得无聊。所以，要有忙有闲，忙闲适度。

生活就是这样，如果你把所有的时间和精力都放在琐碎的事情上，你就永远没有时间去做对你来说重要的事了。要把时间用在重要的事情上，关注那些对你幸福很重要的事。

要活在"当下"

库里希波斯说："过去与未来并不是存在的东西，而是存在过和可能存在的东西，唯一存在的是现在。"我们要活在"当下"，全身心地投入生活，把关注的焦点集中在现在正在做的事、待的地方、周围一起工作的人，认真地接纳、品味、投入和体验这一切。

要珍惜当下的时光，过去的已经过去了，未来的还没有来。如果你真的过好现在每一天，那明天就会不错。只要你拥有一个完美的过程，其结果可能是美好的。

今日的一轮夕阳，记录着曾经美好的过去；明晨的一线曙光，开始灿烂多彩的希望，迎接快乐每一天。

有效地利用自己的时间

如果一个人能够拥有更多属于自己支配的自由时间，从事自己真正爱好的事，实现自己的梦想，那是最幸福的。

领导者不单要有效地利用自己的时间，同时也要有效地分配团队的时间。要按照现在和未来的价值等级区分开来，找出具有竞争力又适合自己的法则。从某种意义上来讲，时间管理就是业务管理，是竞争力的管理，又是资产的管理。

人生有限，消磨时间，亦即消磨事业，消磨人生。

英国的哈利保顿说："准确守时，为事业的灵魂。"凡成功人士都有很强的时间观念。

凡事都要经得起时间的考验

凡事都要经得起时间的考验，时间是最好的评判师。俄国别林斯基说："在所有的批评家中，最伟大、最正确、最天才的是时间。"法国塔瑟说："时间检验着一切事物的真伪。"

时间是什么？

时间是什么？哲人有以下说法：

时间是世界的灵魂。

—— [古希腊] 毕达哥拉斯

时间是灵魂的"生命"。

—— [美] 朗费罗

时间是神圣的礼物，每日是小小的人生。

—— [法] 卢保克

时间是送给我们的宝贵礼物，它使我们变得更聪明，更美好，更成熟，更完美。

—— [德] 托马斯

时间是真理的前驱。

——［德］西哲鲁

时间是人类发展的空间。

——［德］马克思

时间是伟大的导师。

——［英］伯克

时间是伟大的发明者。

——李大钊

时间就是生命，时间就是金钱。

——［美］富兰克林

时间就是生命，时间就是速度，时间就是力量。

——郭沫若

时间是衡量事业的标准。

——［英］培根

珍惜时间的人才能做出非凡的成就

歌德说："最值得高度珍惜的，莫过于每一天的价值。"我们要珍惜每天的分分秒秒，爱默生说："智慧的总和就是献身工作，加上不浪费一分一秒。"

只有十分珍惜时间的人才能做出非凡的成就。古希腊海西阿德说："善于掌握自己时间的人，是真正伟大的人。"

世间一切成果、一切胜利都是由时间决定的。列宁说："赢得了时间就是赢得了一切。"

要养成只争朝夕、今天事今天毕的好习惯，要迎着晨光实干，不要面对晚霞幻想。英国康拿利波说："今日事，今日为。太阳决不为你而再升。"

昨天已过去，明天还未来，只有今天最重要。要紧紧把握住当下，分秒必争地实实在在干重要的有益的事。

只有快乐的人，才珍惜今天，也只有珍惜今天的人，才是快乐的人。

——［英］德莱顿

高尔基说："在生活里，我们命中碰到的一切美好的东西，都是以秒计算的。"青春是美好的，但很短促；在青春的时光里要抓紧学习、工作、探索、奉献，积累知识、经验和智慧，让青春发出光和热，让青春更加绚丽多彩。

希望掌握未来，就必须把握现在

时间是珍贵的。当你驾着事业之车在路上全速前进时，也要时刻准备踩刹车踏板。在时间的利用上，适度的"跳出"，正是为了更好地"进入"，正如在人生的许多事情上，有了少许的放弃，才可能有海量的收益。

你若希望掌握未来，那就必须把握现在。

过去的事，交给岁月去处理；将来的事留给时间去证明。

眼睛看得到的时间叫时钟，眼睛看不见的时间叫时光；时光的流失是看不见的，我们要珍惜宝贵的时光。

做事要设定完成的时间，否则就会像巴金森说的："你有多少时间完成工作，工作就会自动变成需要那么多时间。"

对于时间，如果你争分夺秒抓住它，它就是黄金；你若松松散散不抓住它，它就是流水。

自信从自律中来。学会克制自己，用严格的计划日程表控制生活，才能在这种自律中不断磨练出自信。

高效工作的好习惯：主动积极，始终如一；做事要有良好的开端，思谋周全；要事第一；双赢思维，心存善良，处处想着以人方便。知己知彼；要善于从别人的角度去想问题；不断更新，要不断更新自己的知识系统和信息储备。

未来从来都是通过行动来实现的，而不是用来等待的。要只争朝夕，抓紧做事。时间管理是事业成功的关键。

今天多晚都是早，明天多早都是晚。要今天事，今天毕。

花开有时，谢亦有时，万物有时。我们要珍惜当下美好的一切，快乐生活每一天。

人生有限，时光珍贵。我们要经常问问自己，你的时间都去哪里了？看看你的时间付出是否有价值、有意义。珍惜时间，让自己有真正幸福的人生。

生活在快节奏的时代，时代的发展速度人类无法遏制，但每个人的生活状态，自己还是有能力控制节奏的。我们的生活节奏要有快有慢，有时需要把自己的节奏放慢一点，我们才能尽情领略漫天的星斗，欣赏大自然的风光，才能全心阅读经典中的智慧，才能与自己的灵魂对话，才能更好地感知人生的滋味。

珍惜现在的时光

胡适说："人与人的区别在于八小时之外如何运用。"成功人士都是珍惜时间，善于挤时间的人。人们也常说，八小时决定现在，八小时之外决定未来。八小时之外挤出时间学习的人，他的未来的选择权就大。

人生最浪费时间的事：担忧、抱怨、埋怨、不必要的比较。

人生每时每刻都在做事，要选择做各种事的最佳状态，会有更好的效果。独处时思考，利用好这段时间进行思考至关重要；生气时睡觉，是最好的调节方式；糊涂时读书，去书中找一找解决问题之道；清醒时做事，这时头脑灵动、思维清晰，做事效率高。

珍惜现在的时光，快去追逐生活的欢笑，享受美好的生活，写下人生的平凡真理。

岁月是位导师，教人宽容、淡然，带给人美好、从容，感谢岁月让我们越来越好。

守时，代表了对约定的重视，对时间的珍视，以及对约定时间所要做的事情的重视，也是对自己的信誉负责的表现。

世界上最贵的是时间

多数情况下，时间并不会真正能帮我们解决什么问题，只是随着时间的推移，把原来你认为很重要的那些问题，变得不那么重要了，淡化了。

如果你想提高效率，取得成功，就必须全神贯注，在一段时间集中做好一件事，但现实中，我们往往因为三心二意而事倍功半。

零碎的时间是可贵的，但也是容易丢弃的。一天当中，如果能抽出一小时来读书，一年就有三百六十五个小时，十年就有三千六百五十小时，积少成多，无论研究什么都会有惊人的成绩。

世界上最贵的，不是金钱，而是时间。

把时间分给感情真诚的人，做事实在的人。

时间是最公平的，活一天就拥有 24 个小时，人与人的差别只是在于是否珍惜。每个人生下来最公平的就是拥有时间，一个人最需要的就是珍惜时间，让时间开出你想要的花儿，结出你想要的果。

真正优秀的人都很努力，但不是无时无刻都在努力，他会高效地利用好每天的几个小时，然后合理调整自己的生活状态，努力让生活变得更好，而不是让生活只剩下努力。

每个人都应该有时间管理观念

不要把时间花在无关紧要的事情上，让自己专注于最重要最喜爱的事情。

昨天与今天，我们该如何把握？不要让太多昨天占据你的今天；要珍惜今天。

我们要善于总结昨天，把握今天，追求明天。

时间，让深的东西越来越深，浅的东西越来越浅。内容丰富深刻的东西，越看越感深刻；内容贫乏浅薄的东西，越看越感无味。

时间流失很快，从古到今有多远，谈笑之间。时间珍惜了就是黄金，浪费了就是虚度。

无情的不是人而是时间。

一日之计，始于清晨。能够控制好早晨的人，方可控制人生。富兰克林说："我未曾见过一个早起、勤奋、谨慎、诚实的人抱怨命运不好。"每个人都应该有时间管理观念，合理分配时间，提高生活质量和工作效率。

如何使用空闲时间，决定了一个人的高度

无论走到哪里，都要喜欢那一段的时光，完成那时该完成的职责。保持微笑，珍惜美好年华。别人拥有的，不必羡慕，只要努力，时间都会给你的。

花开了，会谢；时光走了，不会再来。珍惜该珍惜的人，做自己该做的事，健康愉快地生活，其他别在乎太多。

时间在变，人也要变。有些事不必解释，懂你的人，不必解释，不懂你的人，何必解释。真正的懂得是一种心情，一种欣赏，更是一种心灵的默契。懂你何需千言万语，因为彼此懂得。

每个人都可能成为成功者，只要你能合理利用空闲时间；一个人如何使用空闲时间，决定了他的高度，决定了他能走多远。

用一颗真诚的心拥抱今天

不管还有多少个明天，我们只能拥有今天。好好珍惜今天，光阴四季年轮，都是今天的掠影；心系今天的美好，运筹今天的幸福，把握今天的命运，用一颗真诚的心拥抱今天，就会有美好的明天。

要学会守时，时间如流水，流水我们留不住，时间我们可要遵守。人有三守：守时，守信，守己。三者相辅相成，缺一不可。与人相约，定要守时，这既是尊重别人，也是尊重自己。一个人如果守时都做不到，更谈不上守信和守己。

　　你的业余时间喜欢用在哪里，爱就在哪里。如果说爱是给予，而最珍贵、最有价值的，就是给予时间。

　　一个人如何安排闲暇的时间，往往影响他的前程。你的时间花在哪里，就会成为什么样的人。

第九章　人生的根本

健康是人生的根本，没有健康身心，人生的一切都无从谈起。

健康的身体是幸福之本

健康的身体是幸福之本，也是成功之本。健康身体是智慧的永恒伴侣。不论有多么出众的才能和力量，一旦失去了健康的身体，人生也将化为乌有。

健康铺就了成功的阶梯

健康是一个人亮丽的基础，一个健康的人在别人眼里总是美丽的。健康不但能够亮丽你的外表，还为你铺就了成功的阶梯。

波士顿大学医学人员通过研究，总结出百岁老人在保持健康方面的一些共性：退休后别太闲；每天清洁牙齿；坚持运动；吃一份富含膳食纤维的谷物早餐；把睡觉当成头等大事；吃天然食品；不过分焦虑，要严守作息时间；与外界保持良好的联系。

淡，是一种至美的境界。中国的水墨画就是深得淡之美的一种艺术。西方的油画，多浓重，而中国的水墨画则以淡见长。人生也是这样，浓是一种生存方式，淡也是一种生存方式，两者因人而异。一般说来，淡一点对身心似乎更有裨益。

心理健康是健康长寿的关键因素

健康教育专家洪昭光认为，人要健康活到一百岁，心理平衡的作用占50%以上，合理膳食占25%，其他占25%。所以，心理健康是健康长寿的关键因素。

达尔文说："能够生存下来的物种，并不是那些最强壮的，也不是那些最聪明的，而是那些对变化作出快速反应的。"所以人要善于适应各种变化的环境。

享受健康生活

一个人要注意自己的健康，更要充分享受健康生活。美国作家乔希·比林斯说："世界上有许多人花太多的时间去留意自己的健康，但却没有时间去享受它。"这是不明智的。

洪昭光说："我们说人的正常寿命应该是120岁，我把60岁之前叫做"第一个春天"，61岁至120岁是人生的"第二个春天"。……真正幸福的人生是"第二个春天"。……这个时候正可以享受人生，品味人生，欣赏人生。"

运动是生命的节奏

运动是生命的节奏，也是促使我们成功的一份必不可少的力量。

健康是人生的第一财富，是成功的载体。运动不仅可以让我们的身体保持健康，而且还是一种很好的调节方式。

任何人都无法避免压力。压力并不可怕，可怕的是我们对压力有不恰当的观念和反应。其实，压力并不都是无益的，乐观的人在任何压力面前都会游刃有余，变压力为前进的动力。

良好的心态是健康的重要因素

    良好的心态是健康的重要因素。纪晓岚写的条幅中说:"事能知足心常泰,人到无求品自高。"一个人如果能淡泊名利、不计荣辱,豁达乐观、幽默风趣,就会更健康、更长寿。

    一个人只要不为名利所累,心中便永远有一片宁静的天地,一个淡泊的心灵,这是健康长寿的必要条件。

    清代医学家王孟英提出的"带病延年",是正确对待疾病的态度。疾病来袭时,不要害怕,只要与疾病和平共处,慢慢调养自己的身体,好好吃饭、好好睡觉,你身体里的正气就会把带来疾病的邪气打得落荒而逃。退一步来说,即使疾病一直存在,只要它没有肆意干涉你的生活,带病延年,你同样可以长寿。

    人只要活着,就存在一个养脑问题。而养脑,就得有抱负——抱负才是养脑的灵丹妙药。没有抱负的人,他的脑子就会成天陷在一些小事上,而小事最容易使人烦恼。人如果陷入到一些无聊的矛盾之中,不仅自己生活不好,还会让别人活不好。

    现代生理和心理学研究证明,人在精神愉快的时候,体内可分泌出一些有益人体健康的激素、酶和乙酰胆碱,能使血液的流量、神经细胞的兴奋性调节到最佳状态,可以提高全身的免疫功能。因此,良好的精神状态有助于调动身体内在的积极因素,抗御疾病的发生和发展,延长人的寿命。所以恩爱的伴侣和美满的家庭无疑给人们的健康长寿奠定了基石。

    科学证明,人在机体的新陈代谢过程中,各种生理的功能都需要"神"的调节,故"神"极易耗伤而受损,养"神"尤为重要。所谓"静以养之",是指静神不思、养而不用,既便用"神",也要防止用"神"过度。以清静为本,少思少虑,用"神"而有度,常乐观,和喜怒。

到什么季节就享受什么季节的美

人在孩童时有稚嫩的美，在青年时有健旺的美，在中年时有成熟的美，在老年时有恬淡自如的美。人要顺其自然，到什么季节就享受什么季节的美。

乐观开朗，是健身之道中的坦途。生活中谁都会遇到困难、挫折或打击，如果能自我克制，不被它压倒，往好处想，它是能转化的。以乐观的心境来对付困境，做到"心宽能容，心静则安，心诚则平，心顺则解"。

淡泊明志，宁静致远

一个人要有淡泊明志，宁静致远的修养与心态。心静寿自高，心静不是心如止水、无所追求，而是将名誉、地位、享受、欲望等身外之物置之度外，平心静气地从事自己钟情的工作，走自己的路，做到老有所为，老有所乐。

健康掌握在自己手中，健康需要自己管理。养生的关键在于养心，养生不需要特殊的保健品，把心态调整好最重要。要知足常乐、助人为乐、自得其乐、没乐找乐，在快乐中工作和生活。

需要有规律的生活

人既是社会人，也是自然人。所谓自然人，很简单，就像植物一样，需要阳光、空气、水和宁静。养人如养花，不仅需要这些，还需要休息，需要有规律的生活。

人生命中的每一秒钟，都是永远无法重来，永远无法复制的绝无仅有的体验。我们要珍惜、享受生命的每秒钟，这就是幸福生活的依据。

没有时间就无情，有了时间才有情，情感最重要的成本是时间，我们要多留点时间给自己的亲人。

心理和灵魂的健康非常重要

人要有健康的体魄，才能成就事业。人的健康应包括身体、心理、灵魂三个层次，心理和灵魂的健康非常重要。

据调查显示，128位百岁老人长寿的秘诀，有七项共性：心态平和乐观、饮食多素少肉、早睡早起且午睡、散步或做家务健身、心理健康为人和蔼、有终身热爱的兴趣、遗传因素。

人生最大的错误，是用健康换取身外之物；人生最大的浪费，是用生命解决自己制造的麻烦。

养生先要养心，养心先要养德，这是长寿之道。

要顺其自然

人总是要变老的，人老的时候要求"顺"。要顺应社会，调整心态，与时俱进，适应新社会，才能使自己心情顺畅；要顺应自然，善待自然就是善待自己、善待生命；要顺应人际，以豁达、大度、包容的态度顺应人际关系；要顺应自己，人老是自然规律，要知老，不做自己达不到的事，保持良好的心态，顺应自我。

乐观是养生的唯一秘诀

乐观是养生的唯一秘诀，常常忧思和愤怒，足以使健康的身体变成衰弱而有余。

——［俄］屠格涅夫

不适度的悲伤是心灵的疾患，而根据生命的现时状态适度悲伤是有完好品质的灵魂的标志。

——［意］阿奎那

健康是灵魂的支柱

健康是幸福的主要因素，锻炼是健康的重要保证。

——［英］汤姆逊

健康是智慧的条件，快乐的标志，也是开朗和高尚的天性。

——［美］爱默生

健康是为我们的事业和我们的福利所必需的，没有健康，就不可能有什么福利，有什么幸福。

——［英］洛克

我的幸福十分之九是建立在健康基础上的，健康就是一切。

——［德］叔本华

健康是灵魂的支柱，重要的根基。

——［美］林肯

忽略健康的人，就是等于在与自己的生命开玩笑。

——陶行知

养心是养生的根本

养生格言：饮食均衡宜肠胃；延缓脑衰勤动手；常用脑，多思考；抗疲劳，注意力多转换；睡眠充足，增强免疫力；常听音乐体康健。

任何时候以任何方式养生，都必须注意养心，养心是养生的根本。当我们的心里充满阳光，世界就一片光明，心情就如春风桃李花开日，生活和谐美满，浑身充满正能量。

中医"内经"有"百病始于心"的说法，说明心理健康是非常重要的。

神情专注的人更长寿

神情专注的人更长寿。当一个人倾注于一项喜欢的事业时，他自然就沉浸在一种愉悦的情绪中，全力以赴、尽心尽力去做，心平气和去做。在他全情投入的过程中，很自然地处在一种宁静致远、物我两忘的至高境界。这种境界可以使人乐以忘忧，可以增强人体的免疫功能。

写作可以养心治病。如果说，人是一部机器，五脏六腑就是身体的齿轮。书写过程让人凝神静气，无心他烦，进入状态后，就是秩序的恢复，让齿轮依固有的轨迹转动，就相安无事了。

心理健康的标准

一个人的心理要健康。2012 年 5 月，中国心理卫生协会发布的心理健康的标准：

一是认识自我，感受安全：能自我认识，自我接纳，有安全感。二是自我学习，生活自立：有生活能力、学习能力、解决问题的能力。三是情绪稳定，反应适度：情绪稳定，能够控制情绪，情绪积极。四是人际和谐，接纳他人：有人际交往能力，人际满足，接纳他人。五是适应环境，应对挫折：行为符合年龄与环境，接受现实，合理应对。

拥有一个良好的心态是健康最重要的因素。情绪波动是影响人体疾病最重要的原因之一，喜、怒、忧、思、恐，每一种情绪都与五脏的健康息息相关。所以要学会控制自己的情绪。

看病的最终目的是找到病因。疾病治疗首要原则就是去除病因和诱因。保健的最高境界是激发自身的调节能力，恢复人体内环境的稳定，所以要避免过度进补或药物干预，以免影响自己体内的平衡。

性格决定健康

生命是有限的，我们要做生命的加法，把生命设为正计时，看着生命一分一秒地向前延伸，体会生命的长度，在每天太阳升起来的时候，为自己欢庆一下。生命总归是要流失的，我们要在生命流失的过程中，尽量实现自己的理想和意志，使生命更有价值。

心理学研究认为，性格决定健康。乐观者有两面性，乐天派一方面情绪积极，看得开，可以减少发病率；但另一方面，过度乐观的人往往会忽视身心健康存在的问题，对疾病治疗得不及时。易怒者当心患癌。有责任心者生病少，他们会持续进行锻炼，通过健康饮食等保健。

心理健康至关重要，许多人的疾病其实是自身心理攻击生理造成的。

一个人的健康，最重要的是双心的健康——健康的心脏和健康的心理。

人要适当忙起来才少病少恼，身健心安。如果能喜于忙碌，"忙"就是人生康乐的最佳营养剂。

良好的心态和健康的生活方式，规律地生活是健康的重要法宝。

目标感很强，对健康有益

人难免生这样那样的病，不管多么严重都要面对现实，乐观对待，科学治疗，还要注意合理饮食，适当运动。对待疾病，乐观对待最为重要，要做到虽然身上有病而心中无病。乐观情绪能增强人体的免疫功能，是战胜疾病的首要条件。

养生贵在顺其自然，运动贵在量力而行，锻炼贵在持之以恒，饮食贵在营养均衡，作息贵在养成规律。

诺贝尔奖得主伊丽莎白总结的长寿之道是：人要活百岁，合理膳食占25%，其他占25%，而心理平衡的作用占到了50%。

人在快乐的时候，大脑就会分泌多巴胺等"益性激素"。益性激素让人心绪放松，产生快感，这种状态会让人处于很舒服的状态，可使人体各种机能互相协调，很有利于健康。

目标感很强，对健康有益，因为生活中是否有追求，这决定了一个人的心态，进而决定其生理状况。用脑可促进脑的新陈代谢，延缓衰老，"目标"可以激发生命活力，战胜疾病。目标实现了，会让人非常快乐。

把健康摆在生活的第一位

要切切实实把健康摆在生活的第一位，淡泊名利，学会舍弃；热爱生活，懂得珍惜。

相由心生。宽厚的人多半一脸福相，性情柔顺的人面相柔和善美。有慈悲心、有爱心的人，往往从内而外散发出一种光芒，让人越看越顺眼，并喜欢与其接触，有亲和力。真正的修行人，特别平易近人，特别亲切，特别温暖。

人的地位是暂时的，荣誉是过去的，健康是自己的，是永远起作用的。

聪明的人养脑，善良的人养心，温和的人养神，健康的人养身。

养生的几个字：动，能养身；静，能养心；学，能养识；乐，能养寿；爱，能养家；诚，能养友。

最好的心境，是静心和沉稳。水面静，才能映出完整的月亮，心静才能接受宇宙良好的信息和能量。接受良好的信息，才能有良好的心态，心态决定成败和苦乐。接受良好的能量，是养生最佳的途径。

人要有两个"保健医生"：一个叫运动，一个叫乐观。运动使你生理健康，乐观使你心理健康。

修身的智慧

乌龟生性迟滞，雷打难动，但寿命高达 150 年。因此想要长寿，我们应该学会"懒"。当然，这个"懒"也要科学地懒、高水平地懒，才能懒出健康长寿。步伐稳健，懒得发急；闲言碎语，懒得去理；装聋作哑，懒得生气；不利健康的东西，懒得去吃；少虑多眠，懒得心烦。

修身的智慧，达观生活，知足常乐。想要做到达观，就要心怀一颗平常心，凡事顺其自然，能看开一切，从容快乐。

善良，是心理养生营养素；宽容，是心理养生调节阀；乐观，是心理养生不老丹；淡泊，是心理养生免疫剂。

走路，让你拥有健康的身体；读书，让你拥有乐观的精神。所以，要走路，又要读书，使身体和灵魂都健康。

养生之道：少言语以养内气；多运动以养心气；戒愤怒以养肝气；节饮食以养胃气；少思虑以养肾气；常笑笑以养寿气。

经常自我生气，也常气别人的人，叫俗人，一般难以保持健康；从不气别人，自己也不生气的人，叫高人，一般能健康长寿。

科学家在神经化学领域的研究中发现，当人心怀善念、积极思考时，人体内会分泌出令细胞健康的神经传导物质，免疫细胞也会变得活跃，这时人就不容易生病。正念常存，人的免疫系统就会强健。中国古代的医学巨著《黄帝内经》中讲："静则神藏，躁则神亡。"

健康的基石

养生贵在养心，遇事糊涂些，世事看淡些。顺其自然、心胸开阔的人，容易得到幸福。

美国神经科学研究专家理查德·戴维森把人的情绪分为六个维度，每个维度都有相应的大脑结构负责：（1）遇到不如意的事，情绪何时平复——情绪的弹性。能够很快恢复平静的人，抗挫折能力就强。（2）当半杯水端到面前，你首先想什么——看待世界的态度。经常看到半杯子满的人，就会常常拥有积极乐观的情绪。（3）你对别人的感受是否敏感——社交直觉。能够准确把握他人需求的人，社交直觉力就强。（4）知道自己为什么高兴、为什么难过——自我觉察。（5）知道在什么场合说什么话、做什么事——对环境的敏感性。（6）能够不受别人影响，一直保持专注的能力——注意力。

健康的四大基石：均衡的营养、适量的运动、充足的休息、积极的心态。

保健四个最好：最好的医生是自己，最好的药物是时间，最好的心态是宁静，最好的运动是步行。

人有了善良心，就会变得宽容。人一宽容，气就不会郁滞，血就会通畅。心宽一寸，病退一丈。

心宽，意味着对外在世界的相容，也意味着内在世界开放；表明自己与周边世界相处和谐。宽厚多恕地对人对事是健康品质和高尚素质的表现，也是防治心理性疾病的最佳良方。

欢乐是长寿的妙药，勤奋是健康的灵丹，运动是健康的投资，淡泊宁静比药好！

哲理可以养生

哲理可以养生，论语中说："仁者乐山，智者乐水"，"仁者寿，智者乐"。一个人的境界、道德素养，对其生命的影响是很大的。哲人能明白事理，知道如何调节、控制自己的欲望，过平静有意义的生活，保持平和的心态，这就是哲人的养生功效。

长寿之人，都是胸怀宽阔者、知足常乐者、顺其自然者、浪漫乐观者。

青春不是年华，而是心境，是生命的源泉涌流；人的心灵应如浩森瀚海，只有不断接纳美好、希望、欢乐、勇气和力量的百川，才能青春永驻、风华长存。

科学家发现：意念对健康的影响大到不可思议。积极乐观的心态、正面的意念以及一颗慈爱的心，是健康不可缺少的因素。古人说："大德者寿。"

第十章　人生的乐园

和谐幸福的家庭是人生的乐园。

爱可以丰富人生

雨果说："人生是花，而爱便是花的蜜。"爱可以丰富人生，充满爱心的人往往比别人享受更大的幸福，因为他的幸福来源于自己的幸福、别人的幸福，还有自己对别人的付出。

爱自己的孩子，不一定爱自己的母亲；爱自己的母亲，却一定爱自己的孩子；爱不关己的人，当然会爱自己的爱人。

凡·高说："爱之花盛开的地方，生命之花便能欣欣向荣。"我们每个人身上都有超乎寻常的潜能，爱可以激发隐藏的潜能，从而爆发出巨大的力量。爱的力量是伟大的，爱可以创造奇迹。

人是应该有所牵挂的，情感的牵挂使人们与人生有了紧密的联系。那些号称一无牵挂的人其实最可悲，他们活得轻飘而空虚。

让懂得你的人爱你

爱情之舟要想驶进宁静、幸福的港湾，既要扬起忠诚的风帆，也要摇起理解和信任的双桨。

二人世界里，要懂得爱。懂你的人，会用你所需要的方式去爱你。不懂你的人，会用他所需要的方式爱你。于是懂你的人，常是事半功倍，他爱得自由，你受得幸福。不懂你的人，常是事倍功半，他爱得吃力，你受得辛苦。所以，要让懂得你的人爱你。

真正爱的人没有什么爱得多爱得少的，他是把自己整个儿都给他所爱的人。

——［法］罗曼·罗兰

工作中忘记自己的性别，生活中牢记自己的性别，这是职场中女强人事业、婚姻双丰收的法宝。

母爱是世界上最伟大的力量

世界上的一切光荣和骄傲，都来自母亲。

——［苏联］高尔基

母爱是一种巨大的火焰。

——［法］罗曼·罗兰

世界上有一种最美丽的声音，那就是母亲的呼唤。

——［意］但丁

没有爱便没有幸福

没有太阳，花朵不会开放；没有爱便没有幸福。

——［苏联］高尔基

在每一个成功者的身边总有很多关爱他的人和他关爱的人。正因为有了爱，人生才有辉煌，才有精彩，才创造出奇迹。

爱是火热的友情，沉静的了解，相互信任，共同享受和彼此原谅。爱是不受时间、空间、条件、环境影响的忠实。爱是人们之间取长补短和承认对方的弱点。

——安恩·拉德斯

爱情也是一种责任

　　爱情是两个相似的天性，在无限感觉中和谐地交融。

——［俄］莱蒙托夫

　　爱情就等于生活，而生活是一种责任、义务，因此爱情是一种责任。

——［俄］冈察洛夫

爱情是一种生存的愿望。有谁能说，他能够并且要去反对生存的愿望呢？

真正的爱情应该像信仰一样，需要天真。

　　一朵花在含苞未放的时候是不应当去摘的，要不然这朵花就既不会散发香味，也不会结出果子来。

——［苏联］高尔基

　　对爱情来说，严峻的生活考验以及对初恋的生动的回忆，都是同样不可缺少的。前者把人联系在一起，后者令人永葆青春。

——［苏联］法捷耶夫

爱情不管起点是什么，结局一定是生活。在这个世界上最深沉的爱情，不是浪漫，而是相爱、相伴、相容，天长地久。

俗话说，夫妻俩过日子要像一双筷子：一是谁也离不开谁；二是什么酸甜苦辣都能一起尝。这比喻富有哲理。的确，夫妻应该相互恩爱，共同担当。

爱与思念

对一个人付出是爱，有时向一个人索取也是一种爱。索取的目的，是为了让对方知道，你需要他。我们爱父母，也要给父母爱我们的机会，适当接受父母的给予，满足他们做父母的心，成全他们的爱。

人们思念自己的家人和爱人，这种感情非但不会随时间的流逝而消退，反而会与日俱增。当你外出时，离家时间越长就越想能快点回家。

爱一个人就要相信他

一位社会学家说，家庭是人类抵制商业化的最后一个堡垒，在这个堡垒中，人是为了亲情、友情和爱情做事情；但是，这个堡垒现在有的也被商业瓦解了。我们要警惕这种倾向，要维护这个堡垒——美好的家园。

爱一个人就要相信他，只有你相信他，你才能更加幸福。因为你感觉到了幸福，你才会更爱他，而他也变得更爱你。如果怀疑一旦植入你的心中，你的爱便在一点点消失。爱不是占有，爱是宽容、宽厚，是通达理解。

人常常因为美而爱，因为爱更美。

对于世界而言，你是一个人。但是对于爱你的人而言，你就是他的全部、整个世界。

家是人们心灵幸福的港湾

家是人们心灵幸福的港湾，欢乐，有人共享；痛苦，有人分担。家又是人们事业的永恒基石，当你在人生的大海里沉浮，家庭成员为你搭起永不沉没的航母，是你自信和力量的源泉。

美国著名家庭与婚姻专家斯特内特和德弗雷研究发现幸福家庭的六大

要素：关爱与欣赏；承担家庭义务；积极沟通；共享美好时光；精神上的安康；成功处理家庭压力和危机。

关爱家庭，关爱家人，都是人之常情，但关爱什么、怎样关爱，却值得我们深思。爱家有度，计之深远。

我们要互相关爱，亲情是两颗心互相取暖，而不是用一颗心去捂热另一颗心。

爱情是生命的火花

人要懂得爱，只有先懂得爱别人，才会真正爱自己。爱是连接心灵的桥梁，是通往世界的脚步。

> 忠诚和互相信任是爱情的首要条件。
>
> —— [美] 邓肯
>
> 爱情是生命的火花，友谊的升华，心灵的吻合。
>
> —— [英] 莎士比亚
>
> 面貌的美丽当然也是爱情的一个因素，但心灵与思想的美丽才是崇高爱情的牢固基础。
>
> —— [俄] 契诃夫

爱情的力量是伟大的

爱情的力量是伟大的。法国安德烈·莫洛亚说："伟大的爱情能使最平庸的人变得敏锐、勇于献身、充满信心。"苏联苏霍姆林斯基说："闪电照耀一瞬间，而爱情却照耀一生。"法国罗曼·罗兰说："两颗动了爱情的心，对人生，对幸福，对自己都抱着无穷的信心，都抱着无尽的希望。"

爱就要承担责任。苏联苏霍姆林斯基说："要记住，爱情首先意味着对你的爱侣的命运前途承担责任。

爱能使灵魂变得伟大。英国史迈尔说："恋爱是情感上永恒的音乐，给青年以彩芒，给老人以光辉。"德国席勒说："爱能使伟大的灵魂变得更伟大。"

幸福的婚姻

英国伊丽莎白说："恋爱是美丽的，婚姻却是神圣的。"俄国列夫·托尔斯泰说："只有爱情才能使婚姻神圣，只有使爱情神圣的婚姻才是真正的婚姻。"夫妻志同道合是婚姻美满的一个基础，只有两个人精神的结合，才能同舟共济，克服人世间的一切艰难、困苦，战胜岁月征途上的风风雨雨。

法国巴尔扎克说："幸福的婚姻，是由夫妻间的心灵融合的结果产生的。"夫妻情投意合，就能同甘共苦，陪伴终生。

夫妻生活中最可贵的莫过于真诚、信任和体贴。

—— [科威特] 穆尼尔·纳索夫

人生最大的幸福是什么？德国维斯冠说："世界上最幸福的事情，就是拥有一个美满的家庭，家庭的每一分子都应该和睦相处，而且彼此属于对方。"居里夫人说："一家人能够相互密切合作，才是世界上唯一的真正幸福。"德国歌德说："家庭和睦是人生最快乐的事。"

明智的父母之爱

明智的父母之爱是什么？苏联苏霍姆林斯基说："最明智的父母之爱在于我们做父母的要善于在孩子面前揭示他们亲眼看见的、亲身感受的幸福生活的真正源泉。"

孩子是家庭幸福的泉水。

——[美]塔均

能从自己孩子身上得到幸福的人，才是真正的幸福。

——[英]托·富勒

典型的具有献身精神的爱是母爱。将自己的一切奉献给孩子，母爱就是如此彻底，这也可以说是生命的本能。

——[日]池田大作

母亲的爱是永远不会枯竭的。

——[苏联]冈察尔

人要有爱心

相爱是发现优点的过程，相处是容纳缺点的过程。

夫妻之美在于爱，爱情之美在于容，家庭之美在于和，生活之美在于品。

人要有爱心，爱家人，爱生活，爱自然，爱我们所处的国家和人民。爱也是一种能力，爱要求关心、包容、理解、成熟、理性。

爱一个人，不但要爱他的优点，也要尊重他的缺陷。爱不是索取，爱不是要求；爱需要真诚、善良，爱永远比要求多。

真正爱你的人，都是为你痛苦过和幸福过的，能够和你同舟共济、同甘共苦的人。

相伴是幸福

夫妻如同左右手，左手提东西累了，不用开口，右手就伸过去，互帮互助，相濡以沫。

相遇是缘分，相识是真诚，相爱是忠心，相伴是幸福。

一个人最大的成功是事业和婚姻都成功；最大的幸福莫过于家庭

幸福；最重要的理解是夫妻之间的理解；最有价值的宽容是夫妻之间的宽容。

家，是夫妻共同经营的，编织着美梦和苦辣酸甜的窝；是可以让我们停靠的港湾；是一个可以给我们温暖、给我们希望幸福的地方。

对于这个世界来说，你就是一个人，可有可无，可多可少；可是对于某个人来说，你就是整个世界，你要活得认真一点、好一点，是对自己的期望，也是某个人对你的期望。

要爱护自己，保持健康、乐观、积极向上的状态，因为你活着不仅是为了自己，更是为了亲人、爱你的人。他们会因为你的健康、快乐而快乐。

最费时的工程是百年树人；最大的家是四海为家。

看一个家庭的兴败

要为自己而活，做自己喜欢做的事；也要为别人而活，做在乎自己的人喜欢的事。

蔡元培先生在《中国人的修养》一书中说到，决定孩子一生的不是学习成绩，而是健全的人格修养。

要让孩子树立乐观向上的心态；学会感恩，懂得宽容；培养直面挫败的勇气；教会孩子自我保护；让孩子敢于梦想；培养孩子良好的沟通技巧；教会孩子合理使用钱财；帮助孩子正确认识自我，学会欣赏别人。只有学会欣赏别人才会欣赏自己。

人生有一知你、懂你的人，时时刻刻惦念你、想着你、牵挂你、关心着你的人，是人生的最大幸福。

曾国藩说看一个家庭的兴败只看三个地方：

第一看：看子孙睡到几点，假如睡到太阳都已经升得很高的时候才起来，那代表这个家庭会慢慢懈怠下来。

第二看：看子孙有没有做家务，因为勤劳的习惯影响一个人一辈子。

第三看：看后代子孙有没有在读圣贤的经典，"人不学，不知义。"

情与情之中，就是一颗真心

爱情因珍惜而美好；友情因真诚而长久；亲情因相依而温暖。人与人之间，就是一份缘；情与情之中，就是一颗真心。

人的一生最大的幸事，莫过于婚姻的成功；最伟大的亲情，莫过于夫妻之情；最大的幸福，莫过于家庭的幸福。

相遇是一种缘分，相爱是一种感情，情与情之中就是一颗真心。人，其实不需要太多东西，只要健康快乐地活着，真诚地爱着，就是一种富有。

月以圆为贵，家以和为贵。所谓花好月圆，家和万事兴。

家长和孩子就像两棵彼此分离又相互靠近的大树和小树，大树要为小树遮风挡雨，同时也要给小树留下足够的空间，使它能感受阳光，呼吸空气。这样小树才能在属于自己的空间自由伸展，茁壮成长。太靠近大树的小树是不可能长成参天大树的，而远离大树的小树却要独自抵挡风沙，虽坚强无比，却极易扭曲或夭折。

母爱与奉献精神是伟大的

有一个寓言：从前有一棵大树，一位小男孩，天天到树下来，他还爬上去摘果子吃，在树荫下睡觉。他爱大树，大树也爱和他一起玩耍。后来，小男孩长大了，不再天天来玩耍。一天，他又来到树下，显得很伤心，大树要和他一起玩，男孩说："不行，我不小了，不能再和你玩了，我要玩具，可是我没有钱买。"大树说："很遗憾，我也没有钱，不过，你把我的所有果子摘下来拿去卖，你不就有钱了？"男孩十分激动，他摘下树上所有的果子，高高兴兴地走了。然后，男孩又好久没有来，大树很伤心。有一天，男孩终于来了，大树兴奋地邀他一起玩。男孩说："不行，我没时间，我要给家里干活呢，我们需要一幢房子，你能帮忙吗？""我没有房子"，大树说，"不过你可以把我的树枝统统砍下来，拿去搭房子。"

于是男孩砍下所有的树枝，高高兴兴地运走去盖房子。看到男孩高兴，大树好快乐。此后，男孩又不来了。大树再次陷入孤单和悲伤之中。一年的夏天，男孩又回来了，大树好快乐："来呀！孩子，和我一起玩吧。"男孩却说："我心情不好，一天天老了，我要扬帆出海，轻松一下，你能给我一艘船吗？"大树说："把我的树干砍去，拿去做船吧！"于是男孩砍了它的树干，造了条船，然后驾船走了，很久都没有回来。许多年过去了，男孩终于回来了，大树说："对不起，孩子，我已经没有东西可以给你了。""来啊，坐下来和我一起休息吧！"男孩坐下来，大树高兴得流下了眼泪……

这棵树就是我们的母亲。母爱与奉献精神是伟大的，孩子们要懂得感恩和孝顺。

夫妻同心，其利断金

什么是爱？爱就是包容、理解、尊重、关心、爱护、保护。

疼爱你的人，你的冷暖他（她）样样皆知；牵挂你的人，你的苦乐他（她）感同身受。

夫妻是天地合一、阴阳互补和缺一不可的共同体。成为夫妻是缘分，家庭幸福需要夫妻共同经营。

爱人，一定要适合的，因为那意味着一辈子互相扶持的柴米油盐。身体，一定要健康的，因为它是一切幸福与快乐的基础。

夫妻就像两扇门，支撑一个门户；两扇门只用一把锁，两个人只有一条心；遇到狂风暴雨，两扇门要同时关上；碰到艰难困苦的事情，两个人要一齐努力；迎接贵客，要双门洞开；发生重大事情，两个人要敞开心扉，共同商量；夫妻同心，其利断金。

家是爱的聚合体，天下之家，皆为爱而聚，无爱而散。家是一个感情的港湾，成长的摇篮；是一个灵魂的栖息地，是最能让自己放纵的地方；是一个精神的乐园，是给我们希望的地方。

用心珍惜每一份爱

夫妻之间，记住对方的好，放大对方的好，就会更加融洽恩爱；家庭成员亲属之间，记住别人的好，这个家庭一定会其乐融融。

丈夫是太阳，妻子是月亮，彼此宽容相待，就能日月同辉。人海茫茫中相遇、结缘，携手相伴终生，同甘共苦，幸福无穷。

每个孩子都有自己的骄傲与自尊，每个孩子都需要父母的耐心和宽容。

夫妻之间要多想对方的好处，欣赏对方的长处，体谅对方的难处，发现对方的优点，包容对方的短处。

夫妻相处要有共同的人生目标、共同的生活环境、共同的生活话题、共同的喜爱、共同的生活朋友。

用心珍惜每一份爱，用心付出每一份情。爱在珍惜里，温暖。以真心，赢得真诚；用珍惜，换取永恒。

这个世界上，有一种爱，亘古绵长，无私无求；不因季节更替，不因名利浮沉，这就是父母之爱！

用心写一个家字：一笔一划，点撇横捺，正好十笔，必得十全十美，写出一个圆满。用日子写一个家字：淡饭粗茶，酸甜苦辣，和美是暖，经过四季寒暑，写好一个春天。

心与心，需要尊重，爱与爱需要呵护、珍惜

心与心，互敬才生情，互爱才有真；心与心，需要尊重，爱与爱需要呵护、珍惜；心若相知，无音也默契；情若相眷，不语也怜情；爱你的人，舍不得你不高兴，真心疼你。

感情如树，不在乎它长得有多高，更在乎它的根有多深。话不在多，入心最暖；情不在热，贴心最真。

真心爱父母，应该和颜悦色，从内心深处发出微笑；经常对父母

微笑，敬重他们，关心他们的物质生活和精神生活，让他们感到快乐、幸福。

　　爱到深处无声，情到深处无语。真正陪伴你的人，不是因为你的外在光环；爱是风雨时悄悄出现在你头顶的伞。

　　无论爱情友情，懂得珍惜，才配拥有；不懂珍惜，不配拥有。

第十一章　人生的光辉

对社会做出有益贡献的成功者，他的人生是光辉的。成功有许多要素。

经营自己的长处

人总是有自己的长处和短处。长处是人生的一片沃土，成就的种子就埋在它的下面，如果你在这里耕耘，它会给你带来意想不到的收获。世上的成功者都善于抓住自己的长处，经营自己的长处，并把它发挥得淋漓尽致，才使得人生有声有色。

没有事物是永远完美的，都会存在不足，但人们往往不容易发现缺点。能发现美中不足，并不断改善，才有新的成就。

一个人成功的关键不是克服缺点、弥补缺点，而是施展天赋、发扬长处。要想取得成就，就要擅长经营自己的长项。要认识自己的能力，知道自己适合做什么，不适合做什么；集中自己的智慧、潜能、优势，寻找一个与之相符合的发展方向。找到自己的强项，也就找到了通往成功的大门。

每个人都有自己的个性和长处，都可以选择自己的目标，并通过自己的不懈努力去争取属于自己的成功。只有深知自己的优势所在，才能把命运掌握在自己的手中，去获取成功。

做最特别的珍珠

天下许多人都以为自己是珍珠，而即使你是一颗珍珠，也不一定会被人欣赏，因为珍珠太多了。你要想做珍珠，就得做再大一点、再光亮一点、再耀眼一点的那一颗。你想在这个世界上真正地成功，就得做最特别、最独到的那一个，而不是与多数人一样的那一个。

掌握自己的命运

成功者相信每个人都有改善自己状况的能力，每个人都能掌握自己的命运。

一个成功者总结他的成功秘诀：

明确自己想成就的目标。

确定具体计划和时限。

不断憧憬梦想，实行自我激励。

相信自己的能力。

不断激发自己对目标的强烈追求。

取得成功的人，其实懂得了两个字——"舍得"。不舍不得，小舍小得，大舍大得。

成功不是一蹴而就的事情

约翰·斯顿说："促使成功的最大向导，就是从自己的错误中所得来的教训。"失败并不可怕，问题是我们能不能善待失败，能不能进行正确的反思。只要找到上次失败的原因，就等于找到了下一次成功的钥匙。

失败也有好处，如能正确对待，失败让我们变得现实，让我们适应能力更强；失败让我们谦逊，让我们足智多谋。

成功不是一蹴而就的事情。它就像一盘永远也下不完的棋，需要你有足够的耐心。只要你有决心，并持之以恒，从一点一滴做起，耐心等待成功的来临，它就会垂青于你。

注重细节

能否注重细节，往往决定你的成败。精细者常常可以旗开得胜，粗心者则因忽略细节而功败垂成。人生之路是由很多细节组成的，养成了注重细节的好习惯，就等于叩响了成功的门扉。

成功没有止境

什么是成功？成功有很多种，目前国际公认的成功定义就是：实现自己有意义的既定目标。

成功没有止境，成功不是追求的终点。在获得一个个小成功后，大成功才会向你招手，之后大成功又成为小成功。成功的本质是"不断超越"，名誉只是成功表面的东西。只有不断奋斗，才能不断超越自我，不断获取成功。

成功者的特征

成功者非常勤奋，所以在工作之外拥有充裕的时间。

成功者富有责任感和使命感。

成功者遇到问题总是知难而上，通过努力和智慧克服困难。

成功者充满自信，所以在待人处事上态度和蔼可亲。

成功者能够虚心倾听，并容易接受别人的意见。

成功者尊重比他工作更努力、更有成绩的人，并能虚心向他们学习。

成功者不满足于完成分内的工作。

成功者懂得调节自己的工作和生活节奏。

成功者会抓住一切时间充实自我、完善自我。

成功者会全神贯注地盯着机遇。

成功者会开动脑筋，寻找问题的解决方案。

成功者不怕失败，善于从失败中吸取经验教训。

成功者坚韧不拔，不达目的决不罢休。

热情创造奇迹

司汤达说："伟大的热情能战胜一切，因此，我们可以说，一个人只要强烈地坚持不懈地追求，他就能达到目的。"尽管促成一个人成功的因素很多，而居于这些因素之首的是热情。热情能够促使及激励一个人把理想付诸行动，把全身的每一个细胞都调动起来，完成他内心渴望要完成的工作。热情的力量无比强大，热情创造奇迹。

成功人士与别人共处逆境时，别人失去了信心，而他却下决心实现自己的目标。

人只要有进取心，再大的困难也能克服，再大的事也能做好。只要我们有这个决心，相信自己是努力向上之人，我们就是一个了不起的人。

成功是自我崇高目标的实现

成功是自我崇高目标的实现。拥有名利不等于就拥有成功，名利只是生命的修饰物而已，它不是人生的最终目的。人生的价值不是用名利来衡量的；人生的成功与否也不能以名利来评判。

卡耐基说："拥有了成功的心态，成功就会向你走过来。"一个人怎么样看世界，这个世界也就是怎么样。生活中每个人都是一个特定的角色，如果我们认定自己是一个重要的角色，那么我们在做任何事情的时候，就一定会信心百倍，努力做出成绩。

如果你想获得成功，最可靠的方法就是自己去创造机会。凡事欲想成功就得奋斗。心动不如行动，希望什么，就主动去争取。只要你努力奋斗，就一定会有所收获。

成功贵在坚持

成功贵在坚持，只有坚强的毅力才会使你成功。在事业的进程中，越是困难的时候，越是要坚持不懈。几乎所有的成功都是在战胜困难后取得的。

热爱你的工作

史蒂夫·乔布斯讲解苹果公司成功之道："能让自己真正满足的唯一方法，就是从事你认为伟大的工作，从事伟大工作的唯一方式，就是爱上你的工作。"

富于想象

史蒂芬·柯维说："想象力是灵魂的工厂，人类所有的成就都是在这里铸造的。"一个人的想象力越丰富，成功的机会就越多。

积极进取

一个人要积极进取，不断地自我发展。在眼界上，努力地汲取新知识，思考新问题；在个人能力上，不断地否定自己、超越自己；不断地给自己制定新的目标，才能成为一个成功者。

勤奋是攀登成功的阶梯，也是通往成功的必由之路。一勤天下无难事。勤奋努力的习惯，会成为你终身受用的法宝，伴随着你克服困难，取得成功。

成功属于有刻苦精神的人。李卜克内西说："天才出于勤奋，哪里有超乎常人的精力与工作能力，哪里就有天才。"

跨进成功大门的门票——责任心

马克·吐温说："我们生到这个世界上来是为了一个聪明和高尚的目的，必须好好地尽我们的责任。"一个人要想跨进成功的大门，就必须持有一张门票——责任心。面对困难和危险，牢记心中的责任，你就能够从中汲取战胜困难的勇气和力量。

有自制能力不仅仅是人的一种美德，而且是一个人成就事业过程中决定成败的一项关键因素。

拼搏是成功的前奏，一个人无论做什么，要想取得成功，都应当有敢于拼搏的精神。居里夫人说："在成名的道路上，流的不是汗水而是鲜血，他们的名字不是用笔，而是用生命写成的。"

人生因机遇而熠熠生辉

在任何人面前，多少总是有机会的，问题是你能否抓住。抓住了机遇，就等于成功了一半。

人生因机遇而熠熠生辉，正是抓住了一次次机遇，人生的梦想之花才能绚丽地盛开在现实花园中。

每个人都是自己命运的设计师，又是自己命运的建筑师。自己一生是否精彩，关键在于能否抓住机遇，努力奋斗，争取成功。

一生之计在于勤。勤奋是通往成功道路上的助推剂，这是世界上的通用法则，没有古今中外之分。

明智的人总是能抓住机遇。爱因斯坦说："机遇只偏爱有准备的头脑。"这里的"准备"一是知识的积累，要有广博而渊深的知识；二是思维方法的准备，要有现代思维方式。

乐于付出能够造就成功

比别人多付出一点点，往往赢得走向成功的机遇。成功者知道"多付出一点点"能够升华个人的道德修养，强化一个人的工作能力，养成精益求精的工作习惯，培养积极愉悦的成功心态。乐于付出的性格能够造就成功的人生。

一个人没有独特的强项，想要在人生的平台上立住脚，恐怕是不可能的。要想成功，就得培养自己的强项，成为一个别人无法替代的人物。成功来自对自己强项的极致发挥。

成功有一条秘诀就是：用最不平常的努力做好平常的事。

要善于总结失败的教训

失败，可以说只是更走近成功的一步，失败可以转变为成功，但前提是必须善于总结失败的教训；否则，失败就会成为永久的失败。

古今中外有些成功人士难逃"成功——自信——自负——狂妄—轻率——惨败"的怪圈。真正的聪明人，总是在为事业奠定一个物质和制度基础后，平视自己的成就，平视周围的人，而不是仰视成就，俯视周围的人和事，这样的人才可能事业常青。

一个人的失败，与他的心量有很大的关系。

世界上对勇气的最大考验，是忍受失败而不丧失信心。

只有迟来的成功，没有永恒的失败。

炼钢有一道重要工序叫淬火，把滚烫的钢锭放在冷水里急骤降温。人生的许多辉煌不在于狂热地宣泄，而在于冷静地凝结。

成功不忘感恩对手

一个人的成功往往是由于有强劲对手的存在，才使你时刻有危机四伏之感，从而最大限度地激发起你旺盛的精神和斗志，不断超越自己，变得更强大，所以，成功不忘感恩对手。

有些时候，人确实需要紧逼的力量，在关键的时刻，把自己逼到人生的悬崖边上，在看似深渊的边缘奋力拼搏，才有可能获得成功。

成功之后归于平淡

成功或者失败的经历，不断地刺激和改变着我们的心灵，激情退去之后，留下的更多是清醒和淡定。"绚烂之极，归于平淡"是另一种美，就是成熟。

放大自身的优势

成功就是放大自身的优势，达到预期的目标，赢得智者的尊敬，得到别人的欣赏，收获一种成就感和幸福感。

虽然成功的因素涉及太多，但只要我们满怀信心，有毅力，有恒心，不断努力，那么，成功将离我们不再遥远。

成功者的习惯：（1）微笑。（2）不向朋友借钱。（3）背后说别人好话。（4）听别人说别人坏话时只微笑。（5）过去的事不让人全知道。（6）尊重不喜欢你的人。（7）对事无情，对人有情。（8）多做自我批评。（9）为别人喝彩。（10）感恩。（11）学会聆听。（12）说话时常用我们开头。（13）少说话。（14）喜欢自己。（15）做事认真专注。（16）今日事今日毕。（17）不达目的决不罢休。

歌德说："不随便去讨别人喜欢，因为那样会耽误我勤奋地工作。"勤奋的歌德，一生共完成129卷作品，其中最著名的是25岁完成的《少年维特的烦恼》和82岁才全部完成的《浮士德》。

成功的内涵永远是把你喜欢和不喜欢的事情都做好

成功的内涵永远是把你喜欢和不喜欢的事情都做好。责任重于泰山，对于一份责任，你必须尽职尽责才能完美诠释它。

能放眼长远、胸怀全局、胸襟宽广的人，才能干大事业

有许多成功的人士都感谢那些当初置自己于绝境的小人，因为这些小人促进了他们那时的突变，改变了他们的一生。能宽容小人，认识到小人的真正价值的人，才最容易走向自我完善和成功之路。

一个人能走多远、干多大的事业，既取决于他的能力素质的高低，也取决于胸怀度量的大小。能放眼长远、胸怀全局、胸襟宽广的人，才能干大事业。

不相信奇迹的人，永远不会创造奇迹。

一个人的目标是从梦想开始的，一个人的幸福是从心态上把握的，而一个人的成功则是在行动中实现的。

成功的可贵之处在于创造性的思维

只有那些努力打破思维的枷锁，有着自己独特的见解和洞察力，不愿按照普通人的思维方式去思考人生的人，才能成为非凡的成功者。成功的可贵之处在于创造性的思维。

正面思考是成功的起点，是生命的阳光和雨露；负面的思考是失败的源泉，使人受制于自我设置的某种阴影。正面思考创造人生，负面思考消耗人生。

一个人如果没有改变贫穷的欲望，胸无大志，那就绝不可能成为富人。具有强烈的欲望可以激发人的无限潜能，当你有足够强烈的欲望积极

进取时，才能改变自己的命运。

梦想的实现永远是艰难曲折的

梦想的实现永远是艰难曲折的，史泰龙为实现做电影明星的梦想，经历无数次的失败，但他坚守着一个信念：没有所谓的失败，只不过是暂时的不成功而已。最后经历了 1555 次失败后，终于有一家公司愿意采用他的剧本《洛基》，甚至聘请他出演男主角，从此史泰龙一举成名。

自我激励是获得成功的法宝

法国心理学家埃米尔·库埃有句名言："日复一日，我会在各方面干得越来越好。"无论何时，身处顺境还是逆境，每个人都需要自我激励。自信能够产生一种巨大的能量，自我激励是一个人获得成功幸福的法宝。

强者创造良机

一个人的成功，除了自身的努力，也离不开机遇。居里夫人说："弱者坐等良机，强者创造良机。"成功者总能抓住机遇，善于创造机遇，为自己争取更多获取成功的机会。如果一个人既会利用外界的机遇，又能自己创造机遇，那么他获得成功的可能性就很大。

永远保持一颗热忱的心，才能创造奇迹

永远保持一颗热忱的心，才能创造奇迹。卡耐基说："你有信仰就年轻，疑惑就年老；有自信就年轻，畏惧就年老；有希望就年轻，绝望就年

老；岁月使你皮肤起皱，但是失去了热忱，就损伤了灵魂。"爱默生说："有史以来，没有任何一件伟大的事业不是因为热忱而成功的。"激情和热忱是一个人对工作高度责任感的体现。对工作热忱的人，不论工作有多么困难，他始终会以不急不躁的态度去推进。

成功人士的成功之道

"行动和速度是制胜的关键！"这是拿破仑的一句名言，也是所有成功人士的成功之道。一旦你坚定了信念，确定了目标，就要立即行动，并且对自己的目标坚信不疑，遇到任何艰难险阻也设法克服它。

一个人从不知道到知道，靠学习；从知道到得到，靠行动。"知道"固然重要，但最重要、最关键的是"做到"。一个希望从平凡走向卓越的人，不仅要"知道"，而且更应该"做到"。

要保持一颗平常心

要保持一颗平常心，不要患得患失。不论成功还是失败，都有好处。失败了，只要懂得从失败中吸取教训，那今天的失败就为明天的成功多增加一份把握。

伟大的东西隐藏于平凡之中，能不能在平凡背后发现伟大的意义，这是人生能否取得成功的关键。

龟兔赛跑，乌龟赢了，因为兔子掉以轻心；第二次，乌龟又赢了，因为兔子只顾猛跑，方向错了。成功＝认真＋用心

做人如水，做事如山

找高手下棋，你也能成为高手；与庸者对弈，你只会日趋平庸。只有

在高手面前"弄斧"的人，才会褪去平庸，成就卓越。

做人如水，做事如山，是成功之道。做人如水：能适应任何环境，像水一样，至柔之中又有至刚；像水一样，能包容万物，本身又非常纯净。做事如山：要踏踏实实地做事，像山一样稳重，像山一样给人以信任。

一旦确定了奋斗目标，就要面向前方，坚定地走下去，任它成功还是失败，不再计较，只是一味地挺进。不要回头，回头是土，向前是金。

要想成功，必须妥善做好准备

要想成功，必须妥善做好准备，以待时机的到来。一旦有了机会就迅速行动，要趁着潮水涨得最高的一刹那，这时不但没有阻力，而且能帮助你迅速地成功。

失败往往是成功的先导

成功之路是从无数次的失败中踩出来的。正确的结果，是从大量错误中得出来的。

失败往往是成功的先导，每一步失败都是接近成功的一步，最低潮就是高潮的开始。

逆境有一种科学价值，奇迹多是在厄运中出现的。

轻敌，最容易失败。傲慢一现，谋事失败。

错误和失败，可以锻炼我们前进的本领。善于工作的人能把失败转向成功。

自信是走向成功之路的第一步

自信是走向成功之路的第一步，信心产生力量，信心可以使一个人得以征服他相信可以征服的东西。

英国的牛顿说："一个人如果做事没有恒心，他是任何事也做不成功的。"成大事往往不在于力量的大小，而在于能否坚持到底，只有恒心才可以使你达到目的。

要保持头脑清醒

当你觉得已经成功的时候，这其实又是一个危机的开端。如果认为成功了，该松口气了，这恰恰就是一个陷阱。所以成功的时候，要保持头脑清醒。

世界上的事没有绝对成功，只有不断地进取。当你成功的时候，首先应该想到的是获取成功之前的挫折和教训，总结成功经验，而不是享受赞扬和荣誉。谁在夺取了胜利之后又能征服自己，戒骄戒躁，继续奋斗，谁就赢得了两次征战，这才是真正的成功者。

> 真正的功业好像河流，越深越静。
>
> ——　[英] 马克斯威尔·马尔兹

努力是成功之母

努力是成功之母。孙中山说："不断的奋斗，就是走向成功之路。"一个人具有伟大的理想，有坚定的信心，施以努力奋斗，才有惊人的成就。

法国的卢梭说："成功的秘诀，在永不改变既定的目的。"只有按既定目标努力奋斗、坚持到底的人，才有希望取得成功。

最困难的时候，就是离成功不远了；能攻克难关，坚持到底就能成功。

所谓成功，不过是站起来比倒下去多一次。只有经得住失败的考验，善于从失败中总结经验教训的人才可能成功。爱因斯坦说："通向人类真正伟大境界的道路只有一条——苦难的道路。"

要学会抉择

在任何人面前多少总是有机会的，问题在于你能否抓住它，在人生的十字路口要学会抉择。

如果没有机会，没有人提携，即使你有卓越才能，也难于实现价值；如果事先缺乏周密的准备，机遇也会毫无用处；如果你具备很好的条件，在机会降临时，若不及时抓住具体运用，就不会有所进步。为了成功，必须做好充分准备，要创造时机、等待时机，要抓住时机，运用好时机。

专心致志于事业

人要取得成就，就必须专心致志于事业，有时要耐得住寂寞。德国歌德说："人可以在社会中学习，然而，灵感却只有在孤独的时候，才会涌现出来。"

不断进取

当你取得成就时，在总结成功的经验后，就要勇于归零。从零开始，不断进取，始终保持积极向上、勇往直前的精神，才能取得更大的成就。

好习惯是开启成功之门的一把钥匙

好习惯是开启成功之门的一把钥匙。如果你养成了天天读书的习惯，你就会成为知识丰富的人；如果你养成了勤奋、认真工作的习惯，你就会成为有所成就的人；如果你养成经常锻炼身体的习惯，你就会成为健康的人。

下围棋时，胜利就是属于你的棋子比别人多；有些棋是别人失误输给你的，有些则是你赢别人的，不要太指望前者，那是侥幸。

评价一个人是否成功，不能只看结果，也要看他拼搏的过程，看他做出努力的价值。前人做出的奉献，往往为后人享受，正所谓"前人栽树，后人乘凉"。

决心要成功的人，已成功了一半。要成功首先必须树立信心、下定决心。

卓越的人一大优点是：在不利与艰难的遭遇里百折不挠。

一个人要想成就一番大事业，对于眼前的名利就要不在乎，否则必被名利折倒，无法走得更远。

哲人说，如果这世界上真有奇迹，那只是努力的另一个名字，没有努力就没有任何成功。

一个人之所以成功，必定有一种坚持下去的力量，他的努力与积累一定数倍于普通人。

当取得成就时，你就像进入舒适地带。如果安于现状，不求进取，就会被变化的形势所淘汰。所以，你要勇于迈出自我的舒适地带，在变化来临之前就做好准备，迎接新的挑战，创造新的成就。

当你意识到失败只是弯路时，表明你已走到了成功的大道。

只有积极进取、生命力充沛的人，才经得住一次又一次失败的考验。其实，遭受挫折，并不是坏事。人生的最终结果，是在经受挫折中最成功的一次决定的。

一盆美丽珍贵的花虽然珍贵，而培育它的土也是珍贵的。成功人士受人尊敬，而支撑成功人士的无名英雄也是可敬的。

自胜者强

做人不成功，成功只是暂时的；做人成功，不成功也是暂时的。

要想成为大树，必须经历时间的洗礼，不移动，根基实，向上长，向太阳。人要成功，同样需要时间；要坚守信念，专注内功；要不断学习充实自己，扎好事业的根基；要不断向上，不断进取；要有正确的目标，并为之努力奋斗。

不要太在意别人的态度，不要为别人的眼光而改变自己的初衷。要心无旁骛地朝着自己的既定目标努力奋斗。

真正强大的人，不会因为别人的眼光去改变自己；而是用自己的能力去改变别人的眼光。

有希望得到的就要努力；得不到的就不要在意。成功时不要忘记过去，再好也要淡泊；失败时要记住还有未来，再难也要坚持。

世上，你要战胜别人，就要先战胜自己，之所谓自胜者强。

《史记》中说："功者难成而易败，时者难得而易失。"成功时要戒骄戒躁。

《陈书》中说："居后而望前，则为前；居前而望后，则为后。"这非常辩证，人要向前看，不断进取，才不会落后。

凡事把握适度

水满则溢，人满则骄。大凡成功人士说话都留有余地，做事掌握分寸，交友注意距离，关键是把握适度。

要让自己尽快成为本行的专家，就得下苦功夫；只要功夫深，铁杵也能磨成针。

有些事情，别人可以替你做，但无法替你感受。成功的快乐，收获的满足，只有在自己拼搏奋斗的过程中才能感受到。该自己走的路，要自己去走，别人是无法替代的。

成大事者必须抓住机遇，善于选择，善于创造；必须发挥强项，做自己最擅长的事；必须善于交往，发挥团队的作用。

人贵有恒。决心、恒心、耐心、执着追求的精神，是事业成功的关键。认准的事，就千方百计把它完成；享受追求的过程，就是执着追求的具体体现。

大事难事，看担当；逆境顺境，看胸襟；是喜是怒，看涵养；有舍有得，看智慧；是成是败，看坚持。

成功是奋斗出来的

成功没有什么秘诀，如果有的话，就只有两个词：谦虚、坚持。

什么事情，都是成也在人，败也在人。失败者并不是天生就比成功者差，而是在逆境或者绝境中，成功者比失败者坚强，多坚持了一分钟，多走了一步路，多思考了一个问题。

自制力，就是一个人控制自己思想感情和举止行为的能力。丰富自己的知识、提高自己的素养与提高自制力相辅相成。凡成功人士的自制力都是很强的。

古话说："天道酬勤。"勤劳是我们干事业的根本。正如鲁迅说，伟大成绩和辛勤的劳动是成正比例的，有一分劳动就有一分收获，日积月累，从少到多，奇迹就可以创造出来。

当你的才华还撑不起你的理想目标的时候，你就得静下心来学习，沉下心来历练；成功是奋斗出来的，没有等出来的辉煌。

一个人如果把工作当成工作，就只能是一个打工者；如果把工作当成事业，就可能成就伟业。

世界上最坚强的是人的心

世界上最坚强的是人的心，只要坚持，就可能成功。然而，如果我们不去历练，它就可能变成最脆弱的东西。

成功人士的特征：总是有清晰的目标，知道自己想要什么，阅读书籍，传播正能量，分享信息，不断学习新知识，承担责任，宽恕他人，乐观坚强，聪明能干，活在当下。

一个人的目标是从梦想开始的，一个人的幸福是从心态上把握的，而一个人的成功则是在行动中实现的。

成大事必备的心态：积极向上，勤勉谦逊，诚实守信，敢于挑战，善于合作，知足平衡，乐观豁达，宽厚容人，永远自信。

要想成功，必须摆正心态，敢于面对现实；要拥有过硬的自制能力；把感情装入理性之盒；独处可以激发思考的力量；压力是最好的推动力；以变应变，才有出路；自信心是人生的坚强支柱；把精力投入到自己的强项上；要专心地做好一件事。

做人有多大气，就会有多成功

成功者都是勤奋的。勤奋有两种：一种是肢体勤奋，另一种是思维勤奋。两者都重要，尤其重要的是思维勤奋，失败者往往都是思想懒惰。

做人有多大气，就会有多成功。海纳百川，有容乃大；壁立千仞，无欲则刚。胸怀宽广是取得成功的必要条件。

一个人的目标是从梦想开始的，一个人的幸福是从心态上把握的，而一个人的成功则是靠行动才能实现的。

成功也需要具有敢于不被他人赞同的勇气。所有超越一般标准的独立思想、新颖的见解或者努力，皆会遭致非难。坚持做任何异乎寻常的事情，都需要有内在的力量，而且坚定不移地相信自己是正确的。

在这世界上，只要做到两点，任何事情都可以做到。第一是你每天要努力比别人多做一些事情，比别人多努力一点；第二，任何一个高的目标都可以分成许多小的目标来实现，一步一步向前走，坚持到底。

所有的成功都是做人的成功

成功的人不是赢在起点，而是赢在转折点，并在于坚持。

成大事者，先识人，看对人，做对事。处世需要辨别真伪，知人知面要知心。

成功并不在于别人走，你也走，而是在于别人停下来时，你还在走。

你的努力不一定成功，但不努力一定不会成功。决定你成功的是你的能力和努力，而不是那个最初的起点。

所有的成功都是做人的成功。无论干什么，也无论在什么地方，都要本着做人的良心，厚德明礼，积极向上，才能成就一番事业。

一个人不懂行动，再聪明也难以圆梦；不懂感恩，再优秀也难于成功；不懂合作，再拼搏也难于成大事。

好习惯决定你的成功

千里之行始于足下，任何梦想的实现，都少不了看似平凡的努力；一步步的积累，会产生加乘效应，最终实现从量变到质变的飞跃，取得成果。

每个人都有成功的机会，就看你给不给自己机会。

面对一块石头，你若把它背在背上，它就会成为一种负担，你若把它垫在脚下，它就成为你进步的阶梯。面对困难就看你采取什么态度。

把握当下时间的人，才有机会收获成功。时间和机会也就在我们身边一晃而过；唯一要做的就是把握当下，做自己想做的事。

不为模糊不清的未来担忧，只为清清楚楚的现在努力；有些事情不是看到希望才去坚持，而是坚持了才看到希望。

好习惯决定你的成功：快乐的习惯，带着快乐的心态做事；原则的习惯，做一个有原则的人；坚韧的习惯；思考的习惯，凡事动脑子去思考、分析，用创新智慧更好解决问题；沟通的习惯；共赢的习惯；适应的习惯；感恩的习惯；总结的习惯。

第十二章　人生的幸福

幸福是人生最高目的，人生最大的幸福是做出奉献。

快不快乐，自己决定

心理学家维克多.弗兰克尔说："人类的终极自由，就是选择自己的态度。"只要你选择了积极的态度，快乐就会与你同在。快不快乐，自己决定。每天早晨起来，我们都要做选择快乐的决定，让我们快乐每一天。

幸福是什么？哈佛大学泰勒教授说："拿出时间，与你珍惜的人好好相处。"

成功者是得到所热爱的，幸福者是热爱所得到的。

幸福不是你房子有多大，而是房里的笑声有多甜。

幸福者快乐的因素是一个人的情商。情商高的人在生活中容易满足。他的生活更有效率，能够控制自己的情绪，而不受消极情绪的影响。他也了解别人的情绪，很少受别人消极情绪的影响。

善于把平淡转化为幸福

现实生活是这样的，幸福的事是少数，痛苦的事也是少数，而大多数的是平淡的事。聪明人会善于把平淡转化为幸福。一个人只有做好了迎接平淡的准备，才有可能创造属于你自己的幸福。

幸福快乐是一种主观感受，是此时此刻你对外界信息的判断和反馈。

我们要善于掌控意识，将日常生活中的点滴、将当下的每一个细节都转换为快乐的泉源。人的一生总是有快乐的时候，也有痛苦的时候。如果你快乐的时间多于你痛苦的时间，那就是你赚到的，你就是快乐的；你赚得越多，你就越快乐。

简单的人容易幸福

有一种鸟能飞行几万公里，飞越太平洋，它需要的只是一小截树枝。它把树枝衔在嘴里，累了就把树枝扔到水面上，飞落到上面休息，饿了就站在树枝上捕鱼，困了就在树枝上睡觉。它的世界，如此简单、欢快。

简单的人容易幸福。如果琐事都是幸福的矿藏，那么就不会为琐事所烦。因为，使我们不快乐的，往往都是一些芝麻小事，我们常常可以躲闪一头大象，却躲不开一只苍蝇。

有时候不知真相、不了解本质的人，是快乐的。

人们往往会把一些简单的问题复杂化，因为烦琐，所以烦恼。人要快乐就要简单，不要太多地计较那些烦琐的事，让生活简单点，你就会快乐许多。

心里要有阳光

一个心里没有阳光的人，在这个世界上，是不会有真正快乐的。

日本作家芥川龙之介有句名言："祈愿不要让我穷得一粒米也没有，祈愿也不要让我富得连熊掌都吃腻了……"因为穷人深陷痛苦的泥淖，当然没有幸福；而富人，因为泡在蜜罐里，也早对幸福产生了抗体；只有那些对幸福生活充满了向往并且正走在通往幸福路上的人，才最幸福。

能处处寻求快乐的人，才是最富有的人。人的烦恼是因为放不下、想不开、看不透、忘不了。

真诚的笑声最能令人鼓舞振奋

世界上最美妙的音乐，也比不上真诚的笑声，那样最令人鼓舞振奋。

这世界是一面镜子，每个人都可以在里面看见自己的影子。你对它皱眉，它还给你一副尖酸的嘴脸；你对着它笑，跟着它乐，它就是个高兴和善的伴侣。所以年轻人必须在这两条道路里面自己选择。

—— [英] 萨克雷

享受过程中美好的一切

我们应把人生看作不规则的、螺旋式上升的曲线。在奔向目标的同时，还会享受过程中美好的一切。一个幸福的人，既能享受当下所做的事，又可以获得更美满的未来。

人无论处于何境，都要自得其乐

聪明人要善于比较，如果用自己的逆境与别人的顺境相比是糊涂；用自己现在的逆境同自己以往的顺境对比是愚蠢。

拥有好心境的人，才是真正的富有者、幸福者。

人无论处于何境，都要自得其乐。在孤独时也要享受孤独之乐。孤独时有广阔的思想空间，有充分的行动自由，有全额可支配的时间，有不受干扰的心灵天地。

幸福是可共享的

幸福是可共享的，把幸福送给别人，我们心中会复制出两份幸福。做一个能给别人带来光明和幸福的人，是人生最大的幸福。

贪欲是幸福的大敌，如果一个人对欲望无止境的追求，那么，幸福也就无影无踪了。

幸福在自己心中

幸福没有一个固定的标准，幸福与否，只在于自己的心态，也就是怎样看待现在的自己。即使自己的处境不顺心，也要心存感激地接受。幸福不在别处，而是存在于自己心中。

善于享受幸福快乐生活的人，其积极心态在于进退适时，取舍得当。他们相信有失必有得，有时失去也就是另一种获得。

卢梭说："生活得最有意义的人，并不就是年岁活得最长的人，而是对生活最有感受的人。"人生是由一天一天的日子串起来的，如果你每一天都是阳光灿烂的，那你的一生就是愉快的。拥有享受每一天的智慧的人，他的人生一定是多姿多彩的。

享受当下美好的时光

人生是一个奋斗过程，在为既定目标奋斗的过程中，不要只看重目标而错失人生的美妙过程。幸福与否不仅在于目的的达到，还在于追求本身及其过程。生活中许多情景就是这样的。生活中真正的乐趣就像旅行，要珍惜每一时刻，欣赏人生旅途中美丽的情景，享受当下美好的时光。

不要刻意去追求人生的辉煌，因为人生的辉煌是由生命的过程附带的。人生的精彩是在你生命的过程中。只有品味过程之美，才会懂得珍惜生命中的每一天，拒绝和抛弃那些不必要的精神压力和束缚。

乐观地对待生活

生活是喜怒哀乐之事的总和。不顺心、不如意，是人生不可避免的一部分。我们对生活应有一种达观的态度，即使遭遇不幸，精神上也要岿然不动，乐观地对待生活。

要有一颗平常心

做人要有一颗平常心。平常心贵在平常，波澜不惊，生死无畏，于无声处听惊雷。平常心是一种超脱眼前得失的清静心、光明心。愈是具有平常心的人，生活愈幸福。

一个人不要为过去而懊悔，过去的就让它过去；也不必为将来而不安，固然我们应该为明天制订计划，但没有必要去担心。最明智的做法就是全神贯注地做好今天该做的事情。不为明天的事忧虑的人，才是快乐的人。

付出是人生的一种享受

人生最大的快乐幸福不是获得，而是给予和付出。付出是人生的一种享受，学会付出是人类光辉灿烂的体现，也是一种处世智慧和成功快乐之道。

一个人身外之物越少，精神空间就越大；物质贪欲越少，累赘就越小，他就能自由自在、轻松愉快地生活。

最幸福的人不一定拥有最多最好的东西，但一定珍惜其所有，物尽其用。只有懂得知足、会珍惜的人，才会有真正的幸福。

快乐之根在我们身上

人生烦恼虽无数，但只要把心沉静下来，什么也不去想，就没有烦恼了。

快乐之根在我们身上，每个人都具有使自己快乐的资源，像积极的心态、谦虚、合作精神和爱心，等等。使自己快乐的秘密，就是运用自己心中的快乐资源。

幸福有时要靠运气，但更要靠能力：梦想的能力、创造的能力、感受的能力和分享的能力。

最优秀的人不一定是最快乐的，但最快乐的人一定是优秀的。

该舍弃的就舍弃才会幸福快乐

有位作家说："我们最该学习的是舍弃，而不是遗忘；遗忘经不起岁月的试炼，犹如旧疾，会一再复发、走样；舍弃，才能得到真正的福气。"该舍弃的就舍弃，该放下时，就得放下，才会幸福快乐。

享受劳动的快乐

人太穷，深陷痛苦的泥淖，当然没有幸福；太富，泡在蜜罐里，对幸福产生了抗体，也不感到幸福。只有那些对幸福生活充满了向往，并且正在通往幸福路上的人，才最幸福。

劳动是一种荣誉，是一种快乐，是幸福生活的源泉。要在我们从事的有益职业中，体会生活的意义，享受劳动的快乐。

凡事要想得开

凡事要想得开，所有的事情都不会尽如人意，努力了，付出了，得到与否，顺其自然。想得开，则事事圆满。

人生在世，最大的困扰莫过于利益。好些人在忙于追逐利益，却不知得到之时，一定会有所损失。得即是失，失却是得。我们要看得透，才能快乐一生。

所谓幸福，都是相对的，同时，所有的幸福都是个人化的，别人觉得美好的事情，你不一定觉得好；人家享受的东西，你不一定享受得来。

烦恼和快乐是人生的两颗种子，你在心田播下哪颗种子，哪颗就会发芽长大。

懂得分享才能真正拥有幸福快乐

开放的花园最美丽，一个人只有懂得分享，才能够从生活中获得更多，才能够真正拥有幸福快乐。如果不主动去和别人交往和分享，那么永远也不会品尝到人生快乐的滋味。

高尔基说："给，永远比拿愉快。"给予是快乐的源泉，给别人帮助，为别人带去快乐，也为自己带来快乐，一个快乐会变成更多的快乐。

付出远比得到要快乐。只要拥有博爱之心，把自己一份微不足道的关爱送到别人的身边，你会比自己当初得到的更多，你的快乐将会加倍增加。

做一个快乐的人

如果要做一个快乐的人，一定要记住：金钱不是万能的，它只是用来达到目的的一种工具罢了。歌德说："如果您失去了金钱，失之甚少；如果您失去了朋友，失之甚多；如果您失去了勇气，就失去了一切。"

无论一个人的境遇怎样一帆风顺，只要没有体会过艰难悲哀，就不会了解幸福的真谛。

快乐存在于我们心中，存在于周围的环境中，只要你是个快乐的人，总能在这个世界上找到快乐。就算是孤独寂寞的荒原上也能构筑一座快乐的城堡。

西德尼说："做好事是人生中唯一确实快乐的行动。"快乐的人总是以自己能够给别人带来多少快乐作为快乐的标准。快乐的人与人为善，乐于奉献，在奉献的同时去感受别人的快乐，并从别人的快乐中找到自己的快乐，以能给别人带来快乐为荣。

高尔基说："快乐是人生中最伟大的事！"有追求的人永远是快乐的。在人生的道路上，要始终如一地朝着自己的目标前进，不会为挫折而烦恼，在不断的拼搏进取中，始终拥有对成功的期待，活得快乐。

对内心充满快乐的人而言，所有的过程都是美妙的，他看到的世界都是美好的。

简单生活能使人快乐。其实，简单生活是一种进步。只要我们删繁就简，去掉多余的东西，生活就简朴、简洁、简练而且丰富、深邃了。

人在纷繁复杂的社会里生活，少不了要进行各种各样各门各类的比较。在比较的过程中，横比能够看到差距，往往产生一种动力；而纵比可以产生许多快乐。人要快乐就要少些横比，多些纵比。

对自己拥有的要珍惜

如果你环视一下，那高配置的生活，有多少资源在角落里闲置着、浪费着？在这个充满选择、欲望不断扩张的世界里，要学会辨别与放弃。人生要低配一点，不勉强，不逞强，有力掌握自己的生活，这才是真正的幸福人生。

尼采说："幸福就是适度贫困。"在物质极度丰富的今天，适度的饥饿是有益于健康的。对自己拥有的要珍惜才会有幸福感。

做个快乐的人，要学会关注眼前的事，不要去担心明天或者某些会令你烦恼又无能为力的事。要多想想让自己快乐的事。科学证实，只要想象一下曾经快乐有趣的事，就能让我们体内加快分泌安多芬等让人快乐的激素。

"幸好不是"，坏事可以转化为好事

人生在世，必有挫折，必有不幸，也必有痛苦。遇到不幸时，不要把"不幸"放大，而要把"不幸"转化为"幸好"，减轻不幸带来的痛苦，把"不幸"降低到最小的限度。退一步想，"幸好不是"，会使心理上得到平稳；"幸好不是"，许多坏事也可以转化为好事，"幸好不是"给你一个生活的海阔天空。

把握生命的主动权

我们每个人身上所拥有的正负能量的"种子"，它们的比例完全是由我们看待事物的角度和心态，即所关注的焦点来决定的。当我们能够掌控好自己所关注的焦点时，我们就把握了生命的主动权。我们关注什么，我们自己就是什么，什么就会越多。如果我们能真诚地向自己、向他人、向世界传递和发射爱、感恩与欣赏的能量，我们的生活就会越来越幸福快乐。

生命就在生活里，就在我们走过的每一时刻。我们要快乐地生活在今天，不要为过去发生的事后悔，也不要总是担心未来。

幸福不能用金钱来衡量，幸福是要用心去感受，有一个良好的心态才会感知生活中点点滴滴的幸福。我们要用上等心享受下等福，在看似平凡的生活中感受金钱换不来的幸福。

人生就是一个态度问题

最大的快乐，往往包含在巨大的艰辛之中，就如明珠藏于大海，宝藏埋于深山。

人一定要快乐，当你不快乐的时候，你一定要想，我为什么不快乐？问题一般出在你身上，人生就是一个态度问题。

世界如同一枝玫瑰花，悲观的人只想它的刺可怕，乐观的人只想它的香可爱。

人生在世，要积极进取，有所追求；但又不能欲望太高，对自己的欲望要时时有所审视，不当欲望的奴隶。

生活在现时，因为这是你唯一所拥有的时刻。将注意力集中在这里和现在，完全接受自己所得到的一切，去欣赏、学习，最后该放弃就放弃。做自己喜欢做的事，不要与事物做无益抗争，要积极努力又顺其自然。

幸福的感觉不是由环境条件决定的，关键在于我们有没有感恩之心。懂得感恩并知恩报恩的人，他拥有的力量是无穷的，是最富有和最快乐的人。

幸福的人往往都保持沉默，因为幸福的人不与别人比较。

人要快乐就要培养一个好习惯：就是让自己愉快每一天。

喜欢就争取，得到就珍惜，错过就忘记，生活其实就这么简单。

教育园丁的最大幸福

教育园丁的最大幸福是什么？就是"待到山花烂漫时，她在丛中笑"的那种欣慰。

一个人的日子过得好不好、快不快乐，最终得听自己内心怎么说，别人的看法不过是一种虚幻的意象，完全没有必要去为迎合别人的看法而生活。比财富、地位、名利更重要的，还是自己的健康和充实、轻松、快乐的心态。

快乐的人很聪明，他不想自己失去了什么，而只想自己还拥有什么。

等待是生活的一部分

人的一生中有许许多多的等待，等待是生活的一部分。我们要面对生活难免等待的现实，你越是能接受这个事实，你就会越快乐。

不要苦苦追求十全十美

"万事如意"作为彼此的一种祝愿是可以的。然而，世界上的事情是非常复杂的。一件事情要得到成功，包含着各种因素，不可能事事满意。万件事中，有七八件让你看得顺眼、顺心、满意，就不错了。期望值越高，失望值越大，不妨把期望值定低一点，知足者常乐。

"淡"字是处世之宝。淡泊名利的人，往往具有较强的心理承受能力，能在人生的成败面前保持平和的心态。在复杂的现代社会里，要学会过平淡的生活，简单、俭朴生活是人生的一种幸福。

人们在追求幸福生活的时候，要努力去挖掘、发现生活中还有什么其他重要的东西，使我们的追求保持一种协调平衡的状态。比如用对精神升华的追求去平衡抑制对物质财富的追求；用对生活的热爱去平衡抑制对工作的投入。在追求幸福生活时，也要有接受、经受困难、挫折、不完美的人生的心理准备。

珍惜幸福

幸福是一种心灵的感悟，它不可以随便被什么设计下来。谁播种了一颗平常心，谁用幸福的眼睛看世界，谁就将拥有敏锐的心，而且更明白自己生命的美好。

惜福更知福，不要身在福中不知福。惜福要量福，每个人拥有的福量不同，你有多大福就是多大福，不要期望太高，也不要与人攀比。惜福要顺福，人的生命是有限的，能力也是有限的，要顺其自然，量力而行。

有生活智慧

有生活智慧的人，会有所不为，只计较对自己最重要的东西，并且知道什么年龄该计较什么，不该计较什么，有取有舍，收放自由。

人生在世，烦恼的事情太多。如果一个人还能为俗事而烦恼，是因为他还没有遇到大烦恼，其实他已经够幸福的了。如若遇到性命攸关的大烦恼，原先的小烦恼根本就不值一提。

如果学会珍惜身边的一切，学会用一颗宽容的心看待社会，学会感激这个世界时，幸福或许就已经紧握在自己的手中。

快乐最重要，何人、何物、何事使你快乐，你就同他们在一起；否则，就离开。

人生最大的幸福

人生最大的幸福，就是发现自己爱的人正好也爱着你。

最幸福的人并不一定什么都最好，只是因为他们懂得欣赏生活的美好。

轻易得到的，不会长久；长长久久的，不会得来那么容易。要珍惜来之不易的生活。

快乐是一种成熟的能力

快乐是一种成熟的能力，用幽默态度消除种种难题的能力。乐观主义不是傻乐，而是坦然和豁达。

得不到的，本不属于你；失去了的，是来有缘，去有因。世间最珍贵的，往往不在于得不到的，也不在于失去的，而在于身边已经属于你的。要珍惜你所拥有的。

我们要快乐地生活，心宽为乐、做事为乐、读书为乐、助人为乐、自娱自乐。

幸福是一种智慧

幸福是一种智慧，是知足常乐，善于感恩的淡然心境。只有以平常心来淡看庭前的花开花落，以求索心来追求知识能力的提升，以感恩心对待工作和生活，以幸福眼光看世界，才能得到幸福。

幸福没有绝对的答案，不同的人有不同的答案，一个人不同时期也有不同的答案，关键在于你的生活态度。只要心灵有所满足、有所慰藉就是幸福。要掌握良好的心态，去追求我们的幸福。

幸福，是用来感觉的，而不是用来比较的；生活，是用来经营的，而不是用来计较的。

要获得幸福，其实很简单，只要我们怀着一颗平常心、感恩的心，认真地感受、善于发现生活中积极快乐的东西，幸福就在你身边。

人类努力的伟大目标在于获得幸福

英国哲学家休谟说："一切人类努力的伟大目标在于获得幸福。"人类在对幸福的永恒追求中进步，人类的发展史就是对幸福的追求史。

人为理想而奋斗是一种幸福。奋斗让我们的生活充满生机、丰富多彩，责任让我们的生命充满意义，压力让我们变得更加坚强，梦想让我们变得魅力无限。

奉献是人生最大的幸福

幸福不仅是个人身心愉悦和满足，更是正确的人生追求和价值的体现。人生的价值在于奉献，奉献是人生最大的幸福。

幸福是一种心态，心态好就会感到幸福；幸福是一种修养，修养越深体验幸福就越深；幸福是一种追求，追求的过程是幸福的，追求得到满足更幸福。

幸福不在于你拥有多少，而在于你知足，珍惜你现在所拥有的。

荣毅仁曾以一副楹联为座右铭："发上等愿，结中等缘，享下等福；择高处立，就平地坐，向宽处行。"谁能悟透这副对联的真谛，就能成功幸福。

我们要为人民的幸福而工作，乐于为人民服务；以为民造福为最大的幸福。

真正的幸福并不在于你所追求的信仰是否达到，而在于为追求这种信仰所进行的奋斗。正如俄国作家赫尔岑说："一朝开始便能够永远将事业继续下去的人是幸福的。"

时尚的精神实质是要人们与时俱进

时尚是世界工业革命的产物，四次工业浪潮引出品牌概念形成了时尚；我们需要提高生活品位，在自己能力范围内，追求物质时尚；在超出能力范围内，追求精神时尚。时尚的视觉感受是要人们享受生活；时尚的精神实质是要人们与时俱进。

心灵上的阳光就是幸福之源

有时候忙碌和奔波并不是坏事，它可以让我们体会到日子的充实，忘掉烦恼和不快。

不要去强求那些不属于自己的东西，要学会适时的放弃。适时放弃是一种智慧，会使你成为一个快乐明智的人。

冰心说："如果你简单，那么这个世界也就简单。"简单更容易接受和储存阳光，而心灵上的阳光就是幸福之源。

成功不一定就幸福，要寻找真正能让自己快乐而有意义的目标，才是获得幸福的关键。

学习是一种幸福，书中自有人生乐，善于读书可以使我们与世界接近，使我们的生活变得更加光明有意义。

人生的最大幸福是博学、修身、敬业、厚德，在展示才华的进程中，实现有理想、有价值的人生。

经济学大师萨缪尔森的"幸福方程式"，即"幸福＝效用／欲望"，这解释了这个生活现象——幸福与欲望成反比。真正的幸福感来自于精神上的满足，而非物质欲望的满足。

一个人要学会在"平凡"中求满足，要学会在"珍惜"中求知足，才会得到幸福。

幸福源于奉献

财富是幸福的必要条件，是使我们幸福的手段，但它本身不是目的。无论是物质财富还是精神财富，都只是手段而不是目的，它们都不能和幸福划等号。但是，比起物质财富，精神财富更为幸福所必需。

罗斯福说："幸福不在于拥有金钱，而在于获得成就时的喜悦以及产生创造力的激情。"可以说，幸福就是成就，幸福就是心态，幸福就是激情。

江河奉献给海洋，星火奉献给长夜。我们用爱心奉献给需要我们的人们，这是一种幸福。幸福是相互的，我们给他人带来幸福的同时，也给自己带来了幸福感。

幸福源于奉献。我们每个人都生活在别人的奉献中，也应在生活中奉献。

善用"至少"快乐法

我们要善用"至少"快乐法。虽然生活给人们很多的磨难和压力，但至少我们总会找到一样让自己感到快乐和幸福的东西。这种寻找幸福的方法简单却也深刻。

愚人向远方寻找快乐，智者则在自己身旁培养快乐。幸福不能舍近求远。

通常幸福的最大障碍，就是对幸福苛求太多。

敞开心扉，生活就会时时充满快乐

只要打开窗户就能迎来阳光，快乐也如阳光一样，只要我们敞开心扉，生活就会时时充满快乐。

很多事情，站在不同的角度去看，便会有不同的结果。正面乐观的思想会带来积极的结果，负面悲观的思想会带来消极的结果。生活的快乐与否，完全取决于一个人对人、事、物的看法。

换个角度看问题，是一种豁达，是一种睿智。换一个角度看困难，困难将是砥砺我们意志力的磨刀石。换一种思维看挫折，挫折将成为我们宝贵的财富。

人生快乐的秘诀

兴趣是一种力量，无论做什么事，只要你乐在其中，都会获益无穷。

思想家罗素说："一个快乐的人，他最显著的标准就是兴趣。因为对兴趣的关注能够使人忘记烦恼，所以尽可能多地发现兴趣，便成了人生快乐的秘诀。"视工作为一种乐趣的人是快乐的，因为他认定他所从事的是一项很有价值的工作，并为此而感到快乐。

用积极正面的心态对待生活

在遥望夜空时，负面思考的人看到的是沉沉的黑夜，而正面思考的人看到的却是闪闪的繁星。负面思考者视困难为陷阱，正面思考者视困难为机遇，结果就有两种截然相反的人生。

一个人只要能凡事往好处想，突破自己的心理局限，用积极正面的心态对待生活中的不如意，那我们一定会有一个阳光的人生。

快乐是一种心情，而心情是可以调节的；快乐是一种态度，而态度是可以改变的；快乐是一种方法，而方法是可以学习的；快乐是一种选择，而人人都有选择的自由。

对知识要有兴趣

人要有一个好奇心，对世界、对事物、对知识要有兴趣，才会有幸福感。一个对事物、对世界没有兴趣的人，他的生活一定是单调的、平庸的。

当你的物质生活基本上有保障了，你就应把享受、满足、发展你的精神能力作为一个主要目标和追求。要有你的兴趣，一定要有自己喜欢做的事，比如喜欢读书，读那些经过历史沉淀下来的名著，把人类所创造的那些精神财富变成自己的财富，这种精神享受是最大的幸福。

要珍惜已经拥有的东西

要珍惜已经拥有的东西，对拥有的一切心怀感激，知足惜福。只有珍惜才会拥有，感恩才能长久。心怀感恩，我们才会更加珍惜现在和将来。

冬天虽寒冷，而冬日的阳光是幸福，是希望，是欢乐。我们要把握分分秒秒，让阳光围绕身边，尽情地享受阳光的充裕、富足，就一定会有温暖和希望。

要心胸开朗，单纯真诚

多心的人一定辛苦，因为太容易被别人的情绪所左右，总是胡思乱想。要想活得轻松快乐，就要心胸开朗，单纯真诚。

人生在世，往往有太多的东西放不下，功名、金钱等，然而，太多的东西会让生命不堪重负。一个人如果有太多的负重，就会给自己增添许多烦忧、苦恼与不快，慢慢地就会觉得生命的沉重。要放下生命中承受不起的东西，不强求一生力所不能及的事情，卸掉一些承载不起的包袱，才能轻松地生活、轻松前行。

凡事多往好处想

愉快的生活是由愉快的思想造成的。你的态度决定你的心情，影响你的健康，甚至改变你的际遇。凡事多往好处想，这是心理健康之道，也是幸福快乐的不二法门。

虽然我们无法改变环境，但我们可以改变心境；我们无法调整环境来完全适应自己的生活，但可以调整态度来适应环境。工作不如意的时候，换工作不如换心态。

生活需要阳光，需要微笑

生活需要阳光，需要微笑，并不是完美了才能笑，只要你热爱生活，就随时可以尽情欢笑。微笑于人，微笑于己，生活中的烦恼必定在微笑中化解。

真情是笑的源泉，当我们在传达内心的微笑时，会让自己变得美丽、幸福。待人诚恳、没有矫揉造作，就会绽放优美、自然的笑；知福感恩、充满希望，生活就会绽放幸福甜美的笑。

幸福快乐的秘诀在每个人心中

幸福快乐的秘诀在每个人心中。快乐只是内心的一种感受。一个人是否快乐，完全取决于自己对待生活的态度，取决于自己的选择。

拥有一颗快乐的心，你就会发现，快乐是无处不在的。正如歌德夫人说："我之所以高兴，是因为我心中的明灯没有熄灭。道路虽然艰难，但我却不停地去寻求我生命中细小的快乐。……我在每天的生活中都可以找到高兴的事。"

幸福其实是很简单的东西

西方谚语："最大的快乐产生于最简单之中。"简单是一种全新的生活哲学，如果你用一种新的视野去观察生活、对待生活时，就会发现简单的东西才是最美的。幸福其实是很简单的东西，只要你把名利全部放下，它就会来到你的身边。简单生活能够让我们抛弃浮华，达到心境的宁静致远；心灵纯净就可以轻易地获得幸福。

拥有一颗平常心

拥有一颗平常心，以淡然的心境看待世界，才能看到世界本来的面目，才能轻松、真实、幸福地生活。

人的心境不同，对周围的事物的感受也会不同，拥有淡然的心境，才会"闲看秋水心无牵，坐看长松气自豪"。淡然，就是享受生活中的平凡和简单，只要把心态放平稳，不要被外界的动乱干扰，就是拥有一颗真正的平常心。

人之心事少欲则乐

每个人都会有幸福的时候，不要忘乎所以，也不要身在福中不知福。

人之心胸，多欲则窄，少欲则宽；人之心境，多欲则忙，少欲则闲；人之心术，多欲则险，少欲则平；人之心事，多欲则忧，少欲则乐。

有这样一个公式：幸福＝现实／欲望。对于一个人来说，现实往往是一个变化不大的定式，幸福的大小取决于欲望的高低。

最高的乐趣

一个人对于苦乐的看法并不是永久的。许多当年深以为苦的事，现在想起来却是充满了快乐。

高尔基说："生活中最大的享受、最高的乐趣就在于觉得自己是为人们所需要的，是使人们感到亲切的。"所以，为人民服务就是幸福快乐的。

幸福的标识

幸福本身是有明显标识的，幸福的人心态平和，对人友善、谦让，同时幸福的人一定是充实的，有个人爱好，例如阅读、音乐、书法、摄影等。

让自己的脸上多一点微笑，微笑是生活快乐的象征，多给别人一点由衷的微笑是一种好习惯，是成功人士的一种人格魅力。

高尔基说："在艰苦的日子里要坚强，在幸福的日子里要谨慎。"凡事都有两面性，困难会迫着人想办法，困难环境能锻炼出人才；幸福的日子使人快乐，也可使人变懒。

凡事都要往好处想，万一遇到挫折，也要用达观的心情面对现实，设法予以化解。特别是对于利害得失更要看得开。

人要善于共荣共享，才能幸福快乐

一个人不可能什么东西都拥有，也不必要都拥有，只享有就好。例如，公园我们可以观赏、散步，享受太阳的温暖，享受清新空气。人要善于共荣共享，才能幸福快乐。

人要顺其自然，可以改变的去改变，不可以改变的去改善，不能改善的去承担，不能承担的就放下。

快乐的方法

美好的，留在心底；遗憾的，随风散去；烦心的，飘散在天际。

在书桌上放一些你喜欢的、可以让你微笑的、让你开怀大笑的东西，会增加你的幸福感。

追求一个梦想是一种快乐。人应该追求高尚的快乐。英国萧伯纳说："人生的真正欢乐是致力于一个自己认为是伟大的目标。"

要想别人快乐，自己先得快乐。自己的快乐分给别人越多，自己也会越快乐。如果你一点都不顾虑别人，你是无法得到快乐的。

人要幸福快乐，就要勇于把忧虑的事情及时抛弃。英国柯珀说："今天所忧虑的事情，绝不能延续到明天，所以当你每晚上床时，要对你的烦恼心平气和地说，我为你已经尽了全力，今后不想再见到你了。"

人生难免会有烦恼，要把烦恼当做脸上的灰尘，随时洗拂干净。一个人要经得起烦恼的考验，他的心灵才健康。

英国莎士比亚说："一个人思虑太多，就会失去做人的乐趣。"不要为小事烦恼，更不要为可能永不发生的事情担心，要保持乐观的心态。

我们要热爱生活，让人生充满阳光和快乐。美国门肯说："人生第一应尽的责任是要让人家觉得生活可爱。"

幸福是一种心灵感受，也是一种能力

幸福是一种心灵感受，也是一种能力。如果你有放下过去一切不快乐之事，又有面对现实的能力，包括对挫折的有效应对，还有享受当下的能力，找到自己的兴趣爱好，快乐地工作和生活，这样你就会幸福。

幸福也像下雨一样，有些雨是等来的，有些雨是人工增雨争来的；没有云彩时等一等，有云彩时争一争。我们的幸福有时要等待，有时要争取。

我们对人、对己、对世间事物都要宽容一点。对人、对己好一点，人生才会越来越好；对人、对己都宽一点，人生道路才会越来越宽。对生活宽松点，处事从容点，才会感到轻松快乐。

美国石油大亨吉丹特的墓碑上写着："换算幸福，人生常足"。他生前性情开朗，心胸豁达。当加勒比海海啸给公司造成一亿美元的损失时，吉丹特依然谈笑风生，他说："纵然损失了一亿美元，我比常人还富有千百倍，我就有多于他们千百倍的幸福。"

人间的事，总是各有各的幸福，也各有各的苦恼。而人们对幸福与苦恼的理解也各不尽同，天下没有统一的标准。

幸福是人的一种特殊感受，只有认为自己是幸福的人才能享受到幸福。古罗马西塞罗说："幸福的生活存在于心绪的宁静之中。"

对美好事情的自觉追求

一个人只有真实地认识到人生的价值，找到生活的意义时，才能真正体会到幸福。高尔基说："只有在对美好事物的自觉追求中，才有真正的幸福。"

有人经反复观察研究，得出了这样一个简单结论：房间脏乱的人不幸福感较强，而房间整洁的人幸福感较强。这是因为，你的内心反映在你的房间中。

惦记是一种幸福。有你惦记着的人和有真正惦记着你的人，那是一种幸福。

不幸之事不宜扩散。乔叶说："不幸是一种秘密，一说就会扩散，人人尽知，从而将不幸扩大。因此，要绷住，不要泄露，不要倾诉，不要告诉任何人。"

痛苦和幸福是相通的。帕斯卡尔说："痛苦对人是必要的，没有痛苦，人既不能认识是什么东西对他有害，不知道逃避它，也不知道给自己提供舒适。此外，没有痛苦，人也绝不会认识幸福。"

人要有希望，当为希望而努力时，你是快乐的，希望往往比拥有更快乐。

凡事只要我们尽力而为，就要顺其自然

农民不能为了摘取植物果实而让季节加快周转，只能耐心地等待秋天的到来。凡事只要我们尽力而为，就要顺其自然，不要过分焦虑。

幸福人生需要三种态度：对过去，要淡；对现在，要惜；对未来，要信。

如果一个人充满了快乐、正面的思想，那么好的人、事、物都会和他共鸣，并且被他吸引过来。如果一个人总是带着悲观的、愤世嫉俗的思想情绪，那么，常会有倒霉的事发生在他身上。

如果你有笑对人生的能力，你就能享受人生的能力，快乐本身就是一种幸福。

把心放平，生活就是一泓平静的水；把心放轻，人生就是一朵自在的云。

烦，是自己想出来的；恼，是与人比出来的；气，是心思造出来的；病，是嘴巴吃出来的。只有心平气和的人才会幸福。

任何人与物都不可能完美无缺，生活也不会让任何事物百分之百的圆满。没有人可以得到所有的幸福，生活中总会存在这样那样的缺憾。人有悲欢离合，正如月有阴晴圆缺。

人要快乐，就要永远没有那么多刻意的在乎。凡事只要尽力，结果要顺其自然。

要选择正确的比较

要选择正确的比较，与别人的幸福比，境遇不同的高攀会频频滋生烦恼；与自己的昨天比，持有平常的心态，则悠悠青春常在。

一个人不要成天在缅怀过去，或在担忧未来，要懂得如何真正活在当下。一旦懂得体会当下的幸福，内心的喜乐能量就自然源源不断。

所有美好的东西都不应过度发展，都该保留在萌芽状态，将发未发，那是一切可能性的源头，未开的花可能是美的，未着纸的笔有可能画出最美的画。

生活中物品太多，不见得好，整理起来费工夫，使用时还得花时间选择，用必需的、较少的、最适用的物品生活，才是聪明的生活方式。学习也是这样，读书阅报等都应尽可能地聚焦，反复学习，才能增加实力。

幸福不取决于外界环境，它由我们的心态来决定。

一生中和自己相处时间是最长的，要尽量让自己变得更有趣；自己生命的使用说明是靠自己撰写的。

世上无关紧要的事，该忽略的事就要忽略；学会忽略之所以重要，因为它是通向内在平衡的一条大路。

享受美好要顺应天时

事物的最大价值，取决于它存在的特定时间，如珍藏的一颗种子，不如让它在适时的春天里萌发。生活中有诸多美好的东西，享受美好，还需要顺应天时，该享受时就要抓紧享受，不要等到春天走了花还未开。

有学者认为，社会光有经济学是不够的，还需要一门快乐学。它研究个人和社会以及全世界的致乐之道。我们要从致富到到致乐，使大家以至全社会日益增加快乐。

让乐趣成为生活的组成部分

做什么事情都要有点乐趣，如果做一件使你感到烦恼或无聊的事时，如排队等候，也要创造点乐趣，可听听音乐等。要善于把乐趣纳入每件事，让乐趣成为生活的组成部分。

当感到烦恼时，不妨数一数你感兴趣的和喜欢的东西，也许就会产生一种喜悦感、满足感，让你快乐起来。

你能够得到幸福，是因为你有了自己所喜欢的东西，要让自己的兴趣扩大，有兴趣才会有幸福。

什么是幸福？有一种说法，吃得好，睡得香，有事做就是幸福。这看起来简单，其实要真正完全实现也不简单，这关系到生活水平、健康水平、就业水平。

人生的最大目的是幸福快乐

人生的最大目的是幸福快乐，人生就是为了笑起来，其他都是细枝末节。

丹麦哲学家克尔凯郭尔说："只有向后看才能理解生活，但在生活中你必须向前看。"人要善于总结过去的生活经验，目的是为了今后更好地生活。

要多想想一生中最美好的时光，同时又要创造现在的美好时光，使每一天过得快乐有意义。

人难免有这样那样的病痛，尤其是上了年纪的人。自信乐观的人会以积极乐观的态度对待它，相信自己能够战胜疾病，也能与一些慢性病乐观地和平共处，把与疾病作斗争作为生活的一部分，面对现实乐于接受。要把自己的注意力，主要集中于做点有益的事，快乐地生活。

心安是福，心安胜良药，心安是一种境界。人生在世，不如意的事常十之八九，要善于在各种情况下保持自我放松，哲人无忧，智者不惑。凡事要知足，常思愉快的事，安然自得，快乐地生活。

当遇到人生中不幸之事时，你要好好地睡觉，坚持锻炼身体，有健康的身体就能应对一切；要和自己的亲人知己多谈心，回忆快乐的时光；读读书，想一想别人倒霉的时候是怎么挺过来的。

智者以理智控制情绪

智者以理智控制情绪，愚者以情绪控制理智。我们要善于控制自己的情绪，做情绪的主人。生活是自己创造的，心情是自己营造的。学会乐观地对待一切，快乐地生活。

每个人对幸福的感受是不同的，不要惊动他人的幸福，幸福也是一个人的隐私。在你眼中看到的苦难，在别人的心里也许正是一种幸福。这种幸福是一种心灵的的感应和默契。

无论什么美好的东西、美好的滋味，都总会离我们远去的，所以，在拥有的时候，就要细细品味，好好珍惜。

不一定要买贵的东西。生活中的"贵东西"，既可成为前进的动力，又可能成为幸福的羁绊。对现实多些合理的估价，不要一味去买那些远离实际或有失本真的"贵东西"，我们的生活才会轻松快乐。

把家里的东西打理得干干净净，错落有致，你就会产生一种舒服感、喜悦感。

幸福的真正源泉

做个普普通通的人，没人注意，也是一种幸福。有名人说，我的最大幸福，就是在没有人注意的情况下逛逛公园。而我们都在享受这种幸福，自由自在地、没人注意地逛大街、逛公园——因为"我是一棵无人知道的小草"。

美国的霍华德在《幸福的密码》一书中说："所有靠物质支撑的幸福感，都不能持久，都会随着物质的离去而离去。只有心灵的淡泊宁静，继而产生的身心愉悦，才是幸福的真正源泉。"所以，我们要通过修炼内心，减少欲望，淡泊名利，宁静致远来获取幸福，才是长久的幸福。

幸福是比较出来的，不幸也是比较出来的，关键在于你如何比较。如果你善于比别人的不幸，珍惜自己的拥有，就会感到满足。越是知足，幸福就越能常驻心中。

生活就像一架钢琴；白键是快乐，黑键是悲伤。只有黑白键合奏，才能弹奏出美妙的音乐。

素黑《好好修养爱》一书中说："回归生活的细节，不管际遇和心情如何，我们有责任先吃好一顿饭，睡好一个觉，打点自己，收拾自己。活着就是干活，活好每一天，每一刻。每天对着镜子，对自己微笑三次，睡前感谢自己今天的一切。无论发生什么，先善待自己。"人都要善待自己，热爱生活，乐观对待一切，才会幸福快乐。

德国的尼采说得好：

> "喜悦吧，欢乐吧！
> 再高兴些。无论是多么微不足道的小事，都要兴高采烈。喜悦让你神清气爽，还能提高身体的免疫力。……一高兴，就会忘记无聊琐事，对他人的厌恶与憎恨也会随之淡去。喜悦还能感染周围的人。
> 喜悦吧，让人生充满欢笑。
> 喜悦着，欢笑着度过人生。"

生活要有张有弛，脑袋不能一天 24 小时都在思考。有时要放空自己的脑袋，那怕只有几分钟，也是非常有益的。

别让这世界改变你的笑容

我们要用自己的笑容去改变世界，即使不能，也别让这世界改变你的笑容。

清人顾光旭的对联说得好："万事莫如为善乐，百花争比读书香。"人在做好事时，会产生愉悦的情绪，处于高兴、舒畅的心理境界。读书使人心灵快慰。

人生的幸福有三条标准：一是有健康的身心，这是幸福之本；二是被人信任，当你的为人处事和价值被人认可时是幸福的；三是有幸福的家庭，这是人生的最大幸福。

凡事不要想得太多，要顺其自然；更不要总想坏的方面，别自己吓自己。常想好事和快乐之事，无忧无虑，时刻保持轻松愉悦的心境。要有良好的心态才有健康幸福。

人生中会有诸多困厄，一旦遭遇，就要乐观对待；面对暂时无法改变的处境时，你只好适应，适应也是一种坦然。

人要豁达大度，不要让微小之事充满心灵的空间，才能活得快乐。

一个人的幸福不在于拥有最好的物质，而是珍惜和享受他拥有的一切。

凡事要想得开。想得开的人，处处是春天。

要为爱你的人，保留你最美好的微笑。一个人活着要给人带来快乐。

乐观者面对挑战心态乐观，处境再差也能接纳。

人生需要什么，每个人在不同时候和不同条件下，有不同的需求。我们要抓住时机，根据自己的情况，去追求自己所需要的东西。

人生就像旅行，一路艰辛，一路风景，你的视野范围就是你的人生境界。把注意力集中在欣赏风景上，就不会感觉辛苦，你的生活就会快乐。

人生的快乐

什么是幸福？林语堂说，幸福一是睡在自家的床上；二是吃父母做的饭菜；三是听爱人给你说情话；四是跟孩子做游戏。

我们可享有阳光和空气，但无法拥有太阳和空气。你拥有的东西，如果不会享受，也失去意义。所以，享有比拥有贵重。

人生的快乐有多种：一是轻易得到了而快乐；二是努力后得到了而快乐；三是放弃了不必要的东西而轻松快乐；四是助人而乐；五是做自己喜欢做的事而快乐；六是遇到困难克服了而快乐；七是为国家、对社会做出贡献而快乐；八是你的劳动和为人被人们肯定而快乐；九是享受天伦之乐；十是有老伴的关照和子女的孝敬而快乐；十一是与朋友交往的友情带来的快乐；十二是不断学习有所收益而快乐；十三是有病治愈了而快乐；十四是注意锻炼、合理饮食、身心健康而快乐；十五是知足常乐。

人生的幸福是放得下

人生的幸福是放得下，遇困难挫折能坦然承受。拿得起实为可贵，而放得下，才是人生处世之真谛。

人们都希望快快乐乐过一生，而再快乐的人生，也会有不如意的。所以，要学会知足常乐，自我满足。

当你拥有一件东西的同时也受到它的支配。这个东西让你付出的代价是时间、精力、金钱。如果它对于你没有提供相对的价值和利益，那么就是浪费。所以，节俭些简单些会更自由。

开心与否，快乐与否，在于自己的心态。常往好处想，往好处看，心境豁达，自得其乐。

世界很大，个人很小，没有必要把一些事情看得那么重要。

有的人心态不好，其实，就是心太小。心态的"态"字分开看就是心大一点。若是心大一点、宽一点，心态就会好。

人有时候会只看到别人的幸福，而忽视自己的幸福；在你欣赏别人的时候，别人却把你作为欣赏的风景呢！

有一样的天空，没有一样的云彩。过自己的生活，不要模仿他人，即使他人再好，也不要迷失自己，适合自己的才是最好的。

心快乐，幸福就来了

心清静，生活自然美好；心快乐，幸福就来了。心态决定命运。

对名利地位，对烦心事、不如意之事，要看轻一些，看淡一些，这样就会快乐，就会幸福。

不要太在意一些人，不要太在乎一些事，顺其自然，用最佳心态面对一切。让自己平平淡淡，自然自在地生活，活得阳光，活得潇洒。

亲历的事情多了，把什么都看淡了。从容淡定，随遇而安，一切随缘，皆大欢喜。

人生快乐不快乐，看心情；心情好不好，看心态。快乐的人不是没有痛苦，只是他们修炼了一颗强大的心。拥有强大的内心，就不是生活在左右你，而是你驾驭生活。

感恩有多少，快乐就有多少

要好好享受生活，就要活得简单。心境简单了，就有心思经营生活；生活简单了，就有时间享受人生。我们要懂得为真诚而活，为美好而活，为幸福而做。

要快乐，就要养成感恩的习惯，感恩别人为你所做的一切；感恩有多少，快乐就有多少；要培养宽容的品性，宽容别人实际是宽容自己；要养成凡事能放得下的涵养，把一切不如意的事能及时放下，使自己变得豁达、欣慰、知足、快乐。

如果你的生活以感恩为中心，你会活得很善良；如果你的生活以知足为中心，你会活得很快乐；如果你的生活以宽容为中心，你会活得很幸福。

越珍惜就会越感到幸福

有苦有乐是人生的必然，能苦会乐是人生的坦然，化苦为乐是智者的超然。

要珍惜人生，珍惜自己所爱的、所拥有的，越珍惜就会越感到幸福；若不懂得珍惜，哪怕拥有再好的，也不会幸福。

幸福是需要比较的，也没止境，没有标准，而只是看你对它的认识如何。当你遇到困难时，就需要我们设想一个更辛苦、更困难的处境；一比较你就会感到很幸运。

水，越淡越清澈；人，越淡越快乐。淡然，使人简单；简单，使人快乐。

人心就像一个容器，装的快乐多了，烦恼自然就少；装的满足多了，痛苦就自然少。胸襟决定器量，境界决定高下。

拥有一颗阳光的心态，得失无忧，来去都随缘。心无所求，便不受万象牵绊。欲望越小，人生就越幸福。

快乐是一种自我的选择，相信未来是美好的，就用心甘情愿的态度去对待今天的磨难，不断进步才能书写永恒的快乐。

乐观，是解决和战胜困难的第一步，遇事别过于担心，相信一切都会好的。

亚里士多德说："幸福属于那些容易感到满足的人。"经历过艰苦生活的人，对现在的美好生活更容易满足，幸福指数会更高。

人要看到自己的快乐，珍惜自己的幸福，感恩自己的拥有，追求自己的理想。

美国心理学家威廉说过，凡是太聪明、太能算计的人，实际上都是很不幸的人，甚至是多病和短命的人。这话是真理，一个太能算计的人，事事计较，在生活中很难得到平衡和满足，心中常被堵塞，虽然会算计，往往都没有好结果，越算计，越不幸。

你希望快乐，那就去带给别人快乐

幸福不在于金钱、地位，而在于与家庭、朋友和社会的协调和谐。

生活越接近平淡，内心越接近绚烂。静静的心里，都有一道最美丽的风景。要淡然于心，自在于世间。

生命的丰盈缘于我们心中的无私；生活的美好缘于拥有一颗平常心。如果你希望快乐，那就去带给别人快乐，不久你就会发现自己越来越快乐。

心态是历练出来的，快乐是知足养出来的。平静地接受现实，坦然地面对挫折，凡事都往好处想，学会对自己说声顺其自然，积极地看待人生。放下，才会过得快乐。

要明白生活不可能十全十美，也不是每个人都会让你称心如意，不要让别人影响自己的情绪。

我们每天都要经历许多事，学会放下压力与抱怨，快乐才会有容量与空间。

把弯路走直的人是聪明的，因为找到了捷径；把直路走弯的人是豁达的，因为多看了几道风景。不要把别人的评价看得太重，凡事只要无愧于心，就不必计较太多。

心平气和，幸福快乐

淡泊以明志，宁静以致远，对人平和、对名平静、对利平淡，始终保持着平和之状、平静之态和平淡之心，对身外之物看得透、想得通、放得下、忘得了，就会心平气和，幸福快乐。

"得"是一种能力，"舍"是一种胸怀。没有能力的人得不到，没有胸怀的人舍不得。舍得功名，才能赢得轻松，活得洒脱。

人的情绪是由心主宰的，心一快乐，人就快乐了。"心中事少"是保持心情轻松、愉快生活、促进身体健康的一种好方法和生活艺术。

心简单，世界就简单，幸福才会生长；心自由，生活就能自由，到哪里都有快乐。得意时要看淡，失意时要看开。

人生中，很多事不知道比知道的要好，不灵通比灵通要好，正所谓难得糊涂。幸福快乐往往藏在糊涂里，一旦清醒了，幸福快乐反而不见了。

在这繁荣的世界里，生活简单平淡，内心丰富多彩，学会让自己快乐，才是人生真正的赢家。

快乐的来源

人人都追求快乐和幸福，快乐很大一部分来源于我们日常生活中的心态和习惯。所以，要快乐就要：(1) 学会感恩；(2) 明智地选择自己的朋友；(3) 培养同情心；(4) 不断学习；(5) 学会解决问题；(6) 做你想做的事；(7) 活在当下；(8) 要经常笑；(9) 学会原谅；(10) 要经常说谢谢；(11) 学会深交；(12) 守承诺；(13) 默想；(14) 关注你在做的事情；(15) 要乐观；(16) 有爱心；(17) 不轻易放弃；(18) 做最好的自己，然后放手；(19) 好好照顾自己；(20) 学会给予；(21) 关心人帮助人。

日出东海落西山，愁也一天，喜也一天，应该选择快快乐乐每一天。

什么叫幸福？有健康身体谓之福，有亲密伴侣谓之福，有亲人惦念谓之福，有知心朋友谓之福，有读书兴趣谓之福，做自己喜欢做的事情谓之福。

人要知足常乐，闲中作乐，自得其乐，及时行乐，助人为乐。行善是乐，平安最乐。

心要放宽一点，做事多一点，说话轻一点，微笑多一点。少言多做，少欲多施，少忧多眠，少气多笑。

给予是一种快乐

人要高高兴兴常常笑，早晨笑笑，欢喜热闹；白天笑笑，更有情调；晚上笑笑，睡个好觉。

人的一生，开心最重要，拥有健康的身体，在快乐的心境中做自己喜欢做的事情，踏踏实实地实现自身价值，是人生的最大幸福。

凡事太过和不及都不好，只有恰到好处才最好。酒精的浓度不能太高，过了那个最佳值，结果就适得其反。幸福也是一样，切不要贪得无厌。恰到好处，是一种哲学和艺术的结合体，代表豁达和淡然，是幸福门前的长廊。

如果不懂珍惜，给你座金山也不会快乐；如果不懂满足，再富有也难以幸福。

让思想丰富，让心灵纯净，让生活充实，让人生优雅，让别人幸福，让自己快乐！

给予是一种快乐，因为给予不是完全失去，而是一种高尚的收获；给予是一种幸福，因为给予能给你的心灵以美好。

最高级的快乐是灵魂的快乐

最高级的快乐是灵魂的快乐，那是付出、奉献，让他人因为你的存在而快乐！

人活着就很美好，让好的心态，平静的心理，还有那美好的心情陪伴着每一天。知足一些，快乐就会多出许多。

开心与否，快乐与否，一切的一切，决定于你的心态。快乐生活，会让你充满希望；往好处想，往好处看，心境豁达，自得其乐。

乐观，是心胸豁达的表现，是生理健康的需要，是人际交往的基础；快乐，是工作顺利的保证；开心，是化解挫折的法宝。

幸福的路是自己走出来的，幸福的方法是自己选择出来的。提升自己幸福感的方法有许多：有理想目标，发挥自己的长处与特长，实现自我价值，就能提升幸福感；做自己喜欢的事情，过丰富多彩的生活，也是提升幸福感的好办法。与心爱的人亲密相伴，有亲人的关照，是最幸福的。

自己喜欢的好东西要及时享受，别把最好的东西（无论吃的用的）留到最后，因为它会在时光的逝去中慢慢丧失原来的价值。别在秋天寻找春天的足迹，要在适合的季节享受最好的生活。

生活，只要适合自己，就是幸福

人生，有多少计较，就有多少痛苦；有多少宽容，就有多少快乐。痛苦与欢乐都是心灵的折射，就像镜子里面有什么，决定于镜子面前的事物。

生活是旋律，不论快慢，只要适合的听觉，就是最好；生活是季节，不论春夏秋冬，只要适合自己的心情，就是最好；生活，只要适合自己，就是幸福。

我们要抬头望太阳，保持阳光心态，阳光思考，阳光做事，阳光生活。

如果你有一颗宽容的心，有一颗善良的心，有一颗充满生机的心，你就是播下快乐的种子，就会收获一颗快乐的心。

幸福不是你能左右多少人，而是多少人在你的左右！幸福不是在你成功时喝彩多热烈，而是失意时有个声音对你说："朋友，加油！"幸福不是越多越好，而是要恰到好处。

糊涂暗中助人，能在不知不觉中赚足人情；糊涂包容有雅量，达观生活多快乐。

人生的苦乐，取决于自己的内心

苦也罢，乐也罢，酸甜从来伴苦辣。笑口常开大智慧，苦也哈哈，乐也哈哈。

生活中，一个好心态，可以使你乐观豁达，可以使你战胜面临的苦难，可以使你淡泊名利，过上真正快乐的生活。

快乐其实很简单，快乐就在我们身边：一个会心的微笑，一次真诚的握手，一次倾心的交谈，一次静心的阅读，就是一种快乐无比的事情。

人生的苦乐，取决于自己的内心。以美好的心，欣赏周围的事物；以真诚的心，对待每一个人；以负责任的心，做好分内的事；以感恩的心，感谢所拥有的；以平常心，接受已发生的事实；以放下的心，面对最难的割舍。

哈佛大学推荐 20 个快乐的好习惯：要学会感恩；明智地选择自己的朋友；培养同情心；不断学习；学会解决问题；做你想做的事情；活在当下；要经常笑；学会原谅；要经常说谢谢；学会深交；守承诺；冥想；关注你正在做的事情；要乐观；无条件的爱；不要放弃；做最好的自己，然后放手；好好照顾自己；学会给予。

我认为，还有两个好习惯非常重要：一是淡泊名利；二是要学会知足。

世界上，没有无成本的占有

一个人占有得越多，就会被占有得越多。你占有了手机，可能变成了手机奴。世界上，没有无成本的占有。你所占有的东西，同时也在占有你。

越是高级的东西，越是简单。简到极致，便是大智、大美。人心简单就幸福。

正确对待自己的拥有，以一颗平常心看待人生的得失，就能享受充实又幸福的人生。得到时别骄傲，要珍惜自己的拥有；没得到别失望，要对未来充满信心。要心胸宽广，拿得起，放得下，无意于得失。

世界很大，我们的胸怀也要宽广一些，专注于那些好的、向上的、积极的、真心关怀自己的，而不是相反的那些。对于后者，忽略、遗忘、置之一笑。

生活不要安排得太满，人生不要设计得太挤。不管做什么，都要给自己留点空间，好让自己可以从容转身。

有一个定律叫"当下定律"，人不能控制过去，也不能控制将来，人能控制的只是此时此刻的心念、语言和行为。过去的过去了，未来的还未知，只有当下的此刻是真实的。所以，我们的专注点，着手处只能是"当下"，活在当下。

生活的最高境界

生活中，想开难，放弃更难。什么时候，想得开，看得开，放下随意，放弃如意，就是一种快乐、一种幸福。

生活的最高境界，就是忘记过去的不幸，满意自己的现在，乐观自己的未来。

一个人想要幸福，就不能太聪明，也不能太傻，这种介于聪明与傻之间的状态叫做智慧。

有时，善于忘记也是件好事，忘记自己为他人做的好事，忘记他人的不好，忘记不愉快的事，这样，你就可以快快乐乐。

人为什么会有不如意的事情？因为我们主观的心意里所希望的，所高兴愿意的，常常与客观事物本身的规律不符合。

凡事，抱最大的希望，尽最大努力，做最坏打算，持最好的心态。

记住该记的，忘记该忘记的，改变能改变的，接受成事实的。每天，太阳从东方升起，都是美好的。

快乐是一种境界，幸福是一种追求。走过的路，才知道有短有长；经过的事，才知道有喜有伤；品过的人，才知道有真有假。

学会享受生活，别让生活控制你

快乐是心的愉悦，幸福是心的满足，不和别人比较，不和自己计较。

人生有尺，做人有度。在追求完美，追求幸福快乐时，要把握做人的尺度。

生活没有十全十美，简单就好；工作没有十全十美，尽心就好；朋友没有十全十美，真诚就好；人生没有十全十美，快乐幸福就好。

学会享受生活，别让生活控制你。你不是傀儡，生活需要自己主宰，留下足够的享受空间，过好自己的每一分每一秒。

快乐与痛苦不仅仅是两种情绪，它还是两种思维方式。你的思路完全可以改变它们的走向。当你用感恩的心看世界时，就会发现幸运这个方向，这是一个向阳的方向。

人要快乐，就要助人为乐，知足常乐，自得其乐，享天伦之乐。

如果你的生活以宽容为中心，你会活得很幸福

心怀豁达才有你的雨后彩虹，最美的彩虹不在眼里，而在心里。

生活，就是一种体谅，一种理解。懂得体谅，懂得理解，懂得宽容，日子就会温馨，人生也就安宁快乐。

以平常心对待生活，生活无处不是坦途。以平常心看待人生，人生无处不是美景。

如果你的生活以宽容为中心，你会活得很幸福；如果你的生活以知足为中心，你会活得很快乐。

快乐是一种能力，是一个自我了解、发现与超越的过程。一个能持续让自己快乐的人，拥有不断调整自我认知的能力，并且能意识到怎样使自己积极快乐。

人生中最永恒的幸福和最长久的拥有就是平凡，需要懂得珍惜。

曾国藩一副对联说："天下无易境，天下无难境；终身有乐处，终身有忧处。"易境和难境就是顺境和逆境，顺境和逆境、乐处和忧处，这是生活的两种状态，是一体两面。正如《道德经》所说："故有无相生，难易相成，长短相形，高下相倾，音声相和，前后相随。"

水满了再加，会溢；人累了再撑，会垮；别把自己逼得太紧，总要留些时间与空间给自己；人生无悔，就是完整；生活愉快，就是圆满！

心态好，一切都好

人要正确认识自己，深入分析自己，了解什么是自己最重要的，然后用有限的时间和精力专注去追求，从而获得最大的幸福。

美丽的往往都是素简的，生活得简单一些、朴素一些，就会心平气和，快乐许多。

人生有多少计较，就有多少痛苦；有多少宽容，就有多少欢乐。负担越多，人生越不快乐；简单的心，容易快乐。

世上最可怕的就是人的欲望，人的欲望越多，就会越不满足；就会越不快乐；就会越多烦恼。

喜欢知足，快乐就越来越多。

世间最珍贵的，不是"得不到"和"失去的"东西，而是现在能把握的幸福。

心，只有一颗，不要装得太多；生活是自己创造的，心情是自己营造的，要知足常乐，助人为乐，自寻其乐。

快乐总和宽厚的人相伴，智慧总与高尚的人相伴，健康总与豁达的人相伴。

淡淡的，一切才会长久。君子之交淡如水。淡淡的微笑，透着优雅；淡淡的生活，才会有时间去思考，才能真正享受生活的过程，品尝人生百味。

心态好，人缘就好；心态好，做事顺利；心态好，生活愉快！

心态好，一切都好！快乐属于感恩者，幸福属于知足者。用平常心对生命中的每一天，用感恩心对待眼前的一切，快乐就会不请自来。

世间最美丽的表情就是微笑

无论什么人，只要他没有尝过饥饿与口渴是什么滋味，他就永远也享受不到饭与水的甜美，不懂生活到底是什么滋味。

如果你的思想太少，就可能失去做人的尊严；如果你的思想太多，就可能失去做人的快乐。什么都要适度。

待人宽容，生活知足的人是幸福快乐的。

世间最美丽的表情就是微笑。如果你想天天拥有最美丽的表情，就要天天开开心心，把开心变成一种习惯。

在人生的旅途中，会遇到许多美丽的风景，会遇到很多东西；不要追求那些可望而不可及的东西，如镜中花、月中月；不要被欲望左右而迷失了方向，别被物质打败做了生活的奴隶；要给自己的心灵腾出一方空间，让那些够得着的幸福平安抵达，攥在自己的手里，这才是实实在在的幸福。

心里快乐就好

遇事只要往好处想，你就会快乐；如果你不是总在想自己是否幸福的时候，你就幸福了。

为什么有些成功人士不觉得幸福？因为成功有外在成功与内在成功；物质成功是外在成功，是低层次的；而思想上的成熟与自由是高层次的内在成功。幸福往往来源于内在的成功。

平安是幸，知足是福。快乐，就是看淡尘世的物欲、烦恼，知足常乐。需求越少，自由越多；奢华越少，舒适越多。心境简单了，就有心思经营生活；生活简单了，就有时间享受人生。

日子，过的是心情；心态好，日子就过得好。生活，要的是质量，要活得丰富多彩。

拥有，只需足够就好。手表，只要有一块，你就能判断现在几点钟；相反，若有两块反而很难确定。幸福不需要多，心里快乐就好。

生活适合自己，才是幸福

简单生活就是一种态度，心静了就平和了。不怕路长，只怕心老。

苦中自有甘味，如果一个人不能尝苦，那么也就不能体会到那苦中的甘。

好心情其实是一种素养，万事在心，笑看花开是一种好心情，静看花落也是好境界。命运其实就在我们心中，你满怀希望，它就给你希望。

生活是口味，不论酸甜苦辣，只要适合的口感，就是最好；生活是季节，不论春夏秋冬，只要适合自己的心情，就是最好；生活适合自己，才是幸福。

无论你走到哪里，都要带上自己的阳光。带上自己的阳光，照亮自己的心灵是一种智慧。只要你心中有阳光，无论你走到哪里，无论发生任何事情，你都会感到幸福。

只要你坚持努力，生活一定会好起来

每个人的日子都不同，总结起来，不过是心情起起伏伏，日子好好坏坏。坏日子往好处过，就是好日子；好日子往坏处过，就是坏日子。不要把好日子往坏处过，而是要把坏日子往好处过，这是一种能力。

生活坏到一定程度时，就会好起来，因为它无法更坏了，物极必反。只要你坚持努力，生活一定会好起来。

真正热爱生活的人，从不嫌麻烦。若一个人充满了耐心，便犹如身怀宝藏，穷尽一生都挖掘不尽，处处惊喜，时时欢愉。而如此珍贵的宝藏，只有热爱生活的人才配拥有。

快乐与人分享，就会加倍；痛苦与人分担，就会减半。无论何种心情，只要有人懂，就是最好的安慰。相通的是心灵，滋润的是生命。

生命中，若是有个在乎你的人，就是幸福。心里有你的人，永远对你上心。

把握现在的每一时刻，享受美好生活

如果你简单，世界就对你简单。简单生活才是幸福生活，要知足常乐，宽容大度，保持心灵的轻松愉悦。

人生就是这样，得失无常。凡是路过的，都是风景；能占据记忆的，皆是幸福。

幸福不是靠运气，而是靠经营。如果你觉得满足且幸福，就不需要与他人作比较。

善良的人总是快乐，感恩的人总是知足，感恩是一种处世哲学，是生活中的大智慧，对生活充满感恩之心的人，他的人生是充实而快乐的。

别把最好的留到最后，因为它会在时光的逝去中慢慢丧失原来的价值，时间不会等你，要把握现在的每一时刻，享受美好生活。

知足常乐，知足常有，知足最好；知足之人必安，无求之人必贵。

心中若有美，处处鲜花开

高尔基说："快乐，是人生最伟大的事。"每天给自己一个开心的理由，可以是一句开心的话、一件新鲜的事、一个微笑、一项新的技能、一本好书。给别人一点帮助，关注积极的事物，把美好的时光记录下来，比如拍张照片，设定一个目标，每天为此努力一点，做自己喜欢的事。只要坚持，幸福终会水到渠成。

心境平静，万物自然得映；心中若有美，处处鲜花开；控制好心情，生活处处皆祥和。

有一种植物叫"夜来香"，夜晚开花，并无人欣赏，但它依然开放自己，芳香自己。一个人，不是活给别人看的，而是为自己的责任而活。要做一个有意义有价值的人，只有尽自己的责任，才能提升自己，才能影响他人，让自己变得美丽的同时，也让世界变得快乐美好。

生活之美，贵在有心

生活中，要找到属于自己的分寸，才能真正舒服，过得自由自在。

幸福的人不张扬。幸福到无话可说，这句简单而轻飘飘的话语，其实本身便蕴藏着说不尽的千言万语。

一百种生活，便有一百种美好；生活之美，贵在有心；好的生活，就是将平凡的日子过出诗意。

一个人的幸福，不在于他拥有多少，而是决定于他感受多少。真正的风景，在人们的内心。生活有多美好，取决于你对它有多热爱。

人生不能靠心情活着，而是靠心态去生活。心情像六月的天气，阴晴不定。生活的强者，会及时调整自己的心态，让心情时常保持积极向上，充满阳光。被心情左右的人常迷茫，可以左右心态的人常快乐。

心中有风景，遍地都是风景

人的生活，最重要的是要获得心灵的愉悦。要快乐每一天，让一颗心充实、丰盈、快乐、温柔。

心中有风景，遍地都是风景，俯拾皆是。处处留心皆风景，每一处景色都是一种心情，不管走到哪里，都是人生的风景。

我们的生活是美好的，昨天挺好，今天很好，明天会更好。要懂得珍惜，只有珍惜了今天，才有能力拥有明天。生活中，我们应以平静的心去接受无法改变的事；以勇敢的心，去争取能改变的事。重要的是，要学会运用你的智慧。

学会知足，人生才会开心；学会放下，才会坦然。幸福不在钱多少，而在于心态平和，身体健康。

人生最曼妙的风景，是内心的淡定与从容。内心越是丰盈，生活越是素简。

人生的乐趣，很大程度上得于对周围事物的感受能力。人的心境越是空灵，就越有空间感受万物的趣味；心胸开阔的人，能在生活中处处领略到乐趣。